TS 한국교통안전공단 시행

레전드 드론

비법전수

무인멀티콥터 구술·실기시험

무인멀티콥터
드론 조종자격
최고의 실기도서

대한민국 대표브랜드 | 국가자격 시험문제 전문출판 | 에듀크라운 국가자격시험문제 전문출판 www.educrown.co.kr | 크라운출판사 국가자격시험문제 전문출판 http://www.crownbook.com

저자소개

이 찬 석
shineston@hanmail.net

씨에스리드론항공기술 대표

Drone-Nom(드론놈)항공교육원장

고신대학교 일반대학원 박사과정 수료

한국해양대학교 LINC+ 과정 드론특강

부산직업능력교육원 드론학부

김해현대직업전문학교 드론학부

밀양직업전문학교 드론학부

부산 영도구 청소년 드론교실 주 강사

부산 영도구 초등 드론교실 주 강사

부산서천초등학교 외 방과후 드론스쿨 강사

초경량비행장치 무인멀티콥터 조종자 – 한국교통안전공단

초경량비행장치 무인멀티콥터 지도조종자/교관 – 한국교통안전공단

초경량비행장치 무인멀티콥터 실기평가조종자/평가관 – 한국교통안전공단

드론지도사 - 한국모형항공협회

고용노동부 직무능력표준(NCS) 드론분야 1호 등록 교관/강사

한국교통안전공단 실기시험위원 시험 최초 만점자

저서
크라운출판사 2019 비법전수 레전드 드론 필기시험문제 - 2019

이광영
naramoto@naver.com

국토교통부지정 서해드론교육원장

뿌리무인항공연구소장

KBS스포츠예술과학원 스포츠예술학부 교수

행정안전부 국립재난안전연구원 자문위원

중앙경찰학교 참수리치안드론 연구회 자문위원

(사)한국드론산업진흥협회 운영위원

(사)한국인지과학산업협회 자문위원

(사)한국모형항공협회 익산지회장

초경량비행장치 무인멀티콥터 조종자 – 한국교통안전공단

초경량비행장치 무인멀티콥터 지도조종자/교관 – 한국교통안전공단

초경량비행장치 무인멀티콥터 실기평가조종자/평가관 – 한국교통안전공단

초경량비행장치 무인멀티콥터 실기시험위원 – 한국교통안전공단

2018 한국 드론영상콘텐츠공모전 장려상

이 책을 펴내며……

드론의 숲 드림(Drone-林 / Dream)에 들어온 여러분을 진심으로 환영합니다.

비법전수 레전드 드론 필기 수험서는 학과시험을 재미있고 쉽게 볼 수 있도록 최대한 간단하게 과제 본문을 구성하고, 알찬 기출문제와 실전 모의고사를 수록하여 모두가 한 번에 패스하였으리라 믿습니다.

이제 여러분이 통과해야 할 관문인 구술 / 실기의 과제를 함께 풀어가고자 합니다.

특히 실기시험은, 학과시험보다 현저하게 낮은 합격률을 보여주기에 야무진 준비를 갖추지 않고는 쉽게 합격할 수 없습니다.

> **필자가 본 실기시험의 불합격 요소는**
> 1. 드론은 하늘에 떠 있습니다.
> 2. 평가를 학과시험처럼 컴퓨터가 하지 않고 시험위원(사람)이 합니다.
> 3. 학과시험보다 시간이 매우 짧습니다.
> 4. 학과시험의 열두 문제까지의 오답 에누리가 적용되지 않습니다. 정도라고 할 수 있습니다.

첫째, 드론은 하늘에 떠 있습니다. 하늘에 떠 있는 드론은 빙판 위에 있는 것과 마찬가지로 순식간에 미끄러지며 이동합니다. 고도의 집중력이 없이는 제어가 힘듭니다.

둘째, 사람이 채점한다는 것은 장점이자 단점일 수 있습니다. 하지만 매의 눈으로 불합격요소만 정확하게 찍어내는 시험위원의 눈을 속일 수도 없고, 실력이 받쳐지지 않는다면 절대로 합격할 수 없습니다.

셋째, 배터리의 한계로 인해 시험은 15분 이내에 모든 과제를 소화하지 못하면 드론 스스로 착륙하는 사태가 벌어지고, 자칫 위험해질 수 있습니다. 물론 시험은 불합격입니다. 사고가 난다면 수리 비용도 상당히 지불해야 합니다.

넷째, 70점이면 합격시켜주는 학과시험에서는 12문제까지는 틀려도 괜찮습니다.

하지만 실기시험에서는 모든 과제에서 'S'등급(Satisfactory / 만족)을 받아야 합니다. 한 과제에서라도 'U'등급(Unsatisfactory / 불만족)을 받게 되면 불합격이다. 그러니 어느 한 과제라도 대충할 수 없는 것이 실기시험입니다.

이렇게 어려운 실기시험을 합격으로 쉽게 이끌도록 어떻게 지도해야 할까요?

필자는 현역 교관으로서 늘 고민하고 연구합니다. 오늘 여러분에게 '흰 것은 종이요, 검은 것은 글씨'라는 방식으로 이 비법을 전달하고자 합니다. 물론 흰 종이 위에 이해를 돕기 위해 색깔이 다양한 사진과 그림을 같이 첨부하였다고 하지만, 과연 손가락 끝으로 느끼고, 그것을 실력으로 바꾸어 자기 것으로 만들어야하는 비행기술이 제대로 전해질까요? 하는 생각도 있다. 물론, 불합격한 수험자에게는 '드론을 글로 배워 그렇습니다.'라는 변명을 할 여지는 주어야겠지요?

오랫동안 드론을 비행하며 터득된 비법은 분명 있었습니다. 오늘 그것을 여러분과 함께 공유하고자 합니다.

비법전수 레전드 드론 구술 / 실기 편에서는 지금까지 어떠한 드론수험서에서도 소개한 적이 없는 비법을 소개합니다. 과연 그러한가요? 여러분이 직접 그렇게 해보고 머리가 끄덕여졌으면 좋겠습니다. 누군가 개발한 비법은 그 해결책을 찾지 못한 이들에게는 정말 오랜 가뭄 끝의 단비와 같은 것입니다. 하지만 필자가 가장 강조하고 싶은 것은 늘 수업 시간에 그렇게 말해오던 그 한마디! '연습보다 더 좋은 선생은 없다'입니다. 아무리 좋은 비법을 가졌더라도 그것을 연습하여 내 몸과 하나가 되지 못하면 아무 소용이 없는 법! 입니다.

나는 드론 수업의 강단에서 이야기하는 두 문장이 있습니다.
하나는 '하늘에 떠 있는 것은 내 마음대로 안 된다.'라는 것이고 또 다른 하나는 '연습보다 훌륭한 선생은 없다.'는 것입니다.
아무리 좋은 기체와 좋은 기술을 가진 교관에게 배운다 한들 연습을 소홀히 한 사람에게 합격은 절대로 주어지지 않습니다. 같은 동작을 수없이 반복하면서 일정한 결과가 나올 때 비로소 자기 것으로 만들었다고 할 수 있는 것입니다. 나는 그저 여러분에게 길을 알려줄 뿐, 여러분에게는 한겨울철의 매서운 칼바람과 한여름의 뜨거운 뙤약볕을 이겨야 할 과제를 다시 던져주는 것입니다. 모두 합격의 영광에 이르도록 열심히 연습하기를 진심으로 권합니다.

이번 구술 / 실기 수험서에서는 아무도 생각지 못하였던 두 가지 특별한 팁을 여러분께 드리고자 합니다.
첫째, 지도조종자(교관)시험을 준비하시는 분들을 위하여 알짜기출문제를 준비하였습니다.

둘째, 실기평가조종자(평가관)시험을 준비하시는 분들을 위한 에띠모드(Attitude-mode)로 진행되는 6개 과제를 쉽게 연습할 수 있는 방법과 실전모의고사 2회를 수록하였습니다.

이렇게 두 가지 특별 부록을 추가 하고 나니 헷갈림이 생깁니다.
과연 이 책은 실기 책일까요? 필기 책일까요?
그냥 저자의 후한 인심으로 생각해 주시길 바랍니다. 실기수험서와는 별도로 지도조종자를 위한 수험서를 만들거나 평가조종자를 위한 수험서를 만드는 것은 현실적으로 매우 어려우니 이렇게라도 그분들께 조금이나마 도움을 드릴까 해서 구성해 본 것입니다. 이와 관련하여 이 책의 이름을 다시 정의하자면 2019 비법전수 레전드 드론 구술 / 실기, 지도조종자 / 평가조종자에 이르기까지 모두를 위한 수험서라고 불러야 어울릴 것입니다. 이 책을 보시는 각 등급 수험생들의 양쪽 입꼬리가 합격이라는 기쁨으로 하늘을 향해 드론처럼 시원하게 이륙하기를 기대해 봅니다.

끝으로 집필을 위해 수고와 도움을 주신 모든 분께 감사합니다.
또한 추천의 글로 힘과 용기를 북돋아 주신 권희춘 박사, 이건희 평가위원께 감사의 말을 전합니다.

저자 Drone-Nom 이 찬 석 · 이 광 영

목차

chapter 01 구술시험

I. 시험 범위 & 핵심 내용 032

II. 구술시험 주요 내용 034
  1. 기체에 관한 사항 034
  2. 조종자에 관한 사항 047
  3. 공역 및 비행장에 관한 사항 049
  4. 기상에 관한 사항 050
  5. 일반 지식 및 비상 절차에 관한 사항 054
  6. 이륙 중 엔진 고장 및 이륙 포기 056
  7. 기타 056

III. 구술시험 기출 사례 062
  1. 기체에 관한 사항 062
  2. 항공 법규에 관한 사항 065
  3. 비행 원리에 관한 사항 069
  4. 장비 운용에 관한 사항 072

chapter 02 실기시험

I. 시험 정보 078
  1. 실기시험 채점표 078
  2. 비행 전 점검 시 구령 일람 080
  3. 확인 사항 081

II. 실기시험 주요 내용 084
  1. 비행 전 점검 084
  2. 이륙 비행 104
  3. 공중 조작 110
  4. 착륙 조작 133
  5. 비행 후 점검 144
  6. 종합 능력 147

chapter 03

지도조종자 (교관) 기출문제

- 초경량비행장치 지도조종자 기출문제 1회 ... 158
- 초경량비행장치 지도조종자 기출문제 2회 ... 163
- 초경량비행장치 지도조종자 기출문제 3회 ... 168
- 초경량비행장치 지도조종자 기출문제 1회 정답 및 해설 ... 174
- 초경량비행장치 지도조종자 기출문제 2회 정답 및 해설 ... 179
- 초경량비행장치 지도조종자 기출문제 3회 정답 및 해설 ... 183

chapter 04

실기평가조종자 (평가관) 실전모의고사 실기시험요령

- 실기평가관 시험 실전모의고사 제1회 ... 190
- 실기평가관 시험 실전모의고사 제2회 ... 194
- 실기평가관 시험 실전모의고사 제1회 정답 및 해설 ... 197
- 실기평가관 시험 실전모의고사 제2회 정답 및 해설 ... 201
- 실기평가조종자 실기시험검정 ... 204

chapter 05

초경량비행장치 무인멀티콥터 실기시험표준서

1. 초경량비행장치 실기시험 표준서 ... 220

자격증 가이드

1. 초경량비행장치 조종자 자격시험 제도

초경량비행장치 조종자 자격시험은 조종자의 전문성을 확보하여 안전한 비행, 항공 레저 스포츠 사업 및 초경량비행장치 사용 사업의 건전한 육성을 도모하기 위해 국가에서 시행하는 자격시험으로 11가지 종목이 있다.

자격 분류	기준	종목		면제과목
초경량비행장치 조종자	기체의 종류	유인	동력	동력 비행장치, 회전익 비행장치, 동력 패러글라이더
			무동력	패러글라이더, 행글라이더, 유인 자유 기구, 낙하산류
		무인		비행기, 비행선, 헬리콥터, **멀티콥터**

2. 초경량비행장치 조종자 자격증 (국문과 영문 각 1장씩 발급)

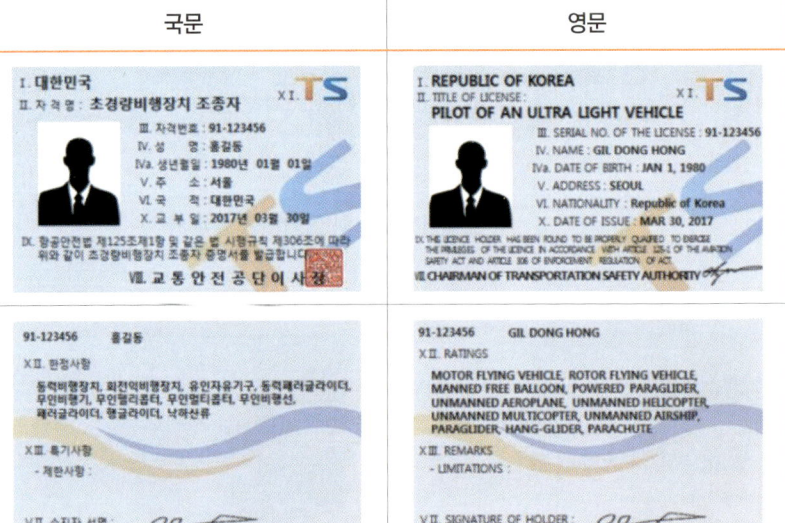

• 자격증에 포함되는 내용

번호	내용	번호	내용	번호	내용
I	발급 국가	V	주소	X	교부일
II	자격명	VI	국적	XI	발급 기관
III	자격 번호	VII	소지자 서명	XII	한정 사항
IV	성명	VIII	발급 기관장 직인	XIII	특기 사항
IVa	생년월일	IX	발급 증명 내용		

3. 초경량비행장치 무인 멀티콥터 소개

무인멀티콥터는 사람이 탑승하지 않고 무선 장비를 통해서 모든 비행을 제어하며 헬리콥터와 유사한 비행을 하지만, 동작하는 방식은 전혀 다르다. 현재까지는 항공 촬영과 농약 살포, 수색 등을 위주로 활용되고 있으나 탑재되는 임무 장비에 따라 발전 가능성은 무궁무진하다.

4. 멀티콥터의 발전 전망

항공 촬영	취미 / 레저
방제 / 방역 / 농약 / 씨앗 살포	레이싱 / 배틀 / 축구
수색 / 구조 / 구급	태양광 / 플랜트
과학 연구 / 탐사 활동	낚시 / 양식장
군사 목적 정찰 / 폭격	측량 / 통신
물자 수송 / 택배	다양한 공연

I. 초경량비행장치

무인멀티콥터 조종자 자격 취득 후 농업 방제단, 방송국, 공무원 등 초경량비행장치 사용 사업체에 취업할 수 있으며, 지도조종자 과정을 통해 교관으로 활동할 수도 있다. 또한 평가조종자 과정을 통해 국가 지정 전문 교육기관의 장이 될 수도 있다. 과학기술정보통신부 발표 '무인 이동체 기술 혁신과 성장 10개년 로드맵'에서는 더욱 다양한 드론 활용 직업군을 제시하고 있다.

II. 드론 산업

다양한 첨단 기술들이 접목되어 새로운 가치를 창출하는 4차 산업혁명의 총아라고 할 수 있다. 이에 따라 신규 서비스 창출 플랫폼으로 활용되고 다양한 활용 서비스 시장에서 적용 가능하며 산업 전반에 큰 파급 효과를 가져오고 있다. 특히 드론 배송 시장은 DJI 등이 선점한 기존 드론 시장과 차별되어, 아직 태동기 단계에 있으며 절대 강자가 없는 미개척 분야이다. 따라서 우리나라도 시장 주도 기회를 가질 수 있는 잠재력이 아주 큰 시장이다.

- 4차산업혁명위원회 키워드 중

5. 경량 항공기 및 초경량비행장치 구분

경량 항공기 조종사	초경량비행장치 조종자
타면 조종형 비행기, 체중 이동형 비행기, 경량 헬리콥터, 자이로플레인, 동력 패러슈트	동력 비행장치, 회전익 비행장치, 유인 자유 기구, 낙하산류, 동력 패러글라이더, 인력 활공기(패러글라이더, 행글라이더), 무인(비행기, 멀티콥터, 헬리콥터, 비행선)

※ 조종사와 조종자의 차이

조종사 - pilot(操縱士) : 항공기를 조종하는 조종사와 승객(또는 화물)이 구별되는 경우에 조종사로 부르며 항공업무 종사자 중 직접 항공기를 조종하는 사람을 말한다.

조종자 - driver(操縱者) : 항공기를 직접 조종하더라도 조종자 외에는 승객이 없는 1인승 초경량비행장치(항공기라 부르지 않고 '비행장치'라고 부른다.)의 경우에 조종자로 부르고 항공기를 조종하는 조종사의 개념보다는 운전자의 개념에 더 가까운 표현이다.

간략히 표현하면 다음과 같다.
- **조종사** : 항공기를 조종하는 사람 (기술자의 개념)
- **조종자** : 비행장치를 조종하는 사람 (기능인의 개념)

자격시험 안내

1. 응시 자격

1) **자격 사항**

   ① 만 14세 이상

   ② 해당 종류 총 비행 경력 20시간(무인 헬리콥터 / 무인멀티콥터 자격 소지자는 10시간)

   > ※ 초경량 비행장치 사용 사업으로 등록된 12kg 초과 무인 비행장치의 비행 경력
   > ※ 비행 경력은 안정성 인증 검사, 비행 승인 등의 적법한 기준 및 절차를 따른 경력을 말함

   ③ 전문 교육기관 해당 과정 이수

   > ※ 경량 및 초경량 전문 교육기관 현황 조회 : 항공 교육 훈련 포털(www.kaa.atims.kr)

2) **응시 자격 문의 : 02 - 3151 - 1514**

3) **응시 자격 제출서류**

   ① (필수) 비행 경력 증명서 1부
   ② (필수) 유효한 보통 2종 이상 운전면허 사본 1부

   > ※ 유효한 보통 2종 이상 운전면허 신체검사 증명서 또는 항공 신체검사 증명서도 가능

   ③ (추가) 전문 교육기관 이수 증명서 1부(전문 교육기관 이수자에 한함)

   > ※ 과거 민간 협회 자격을 공단 국가 자격으로 전환하는 경우 별도 절차에 따르므로 공단에 확인

4) 응시 자격 신청 방법

① 정의 : 항공안전법 등 관련 규정에 의한 응시 자격 조건이 충족되었는지를 확인하는 절차

② 시기 : 학과시험 접수 전부터(학과시험 합격 무관)~실기시험 접수 전까지

③ 기간 : 신청일 기준 3~4일 정도 소요(실기시험 접수 전까지 미리 신청)

④ 장소 : [TS 한국교통안전공단(www.kotsa.or.kr) 로그인] - [사업 소개] - [항공 / 초경량 자격시험] - [시험 정보 안내] - [시험 정보 안내 - 경량 / 초경량] - [학과시험 안내] - [학과시험 접수 신청 바로 가기]

⑤ 대상 : 자격 종류 / 항공기 종류가 다를 때마다 신청

※ 대상이 같은 경우 한 번만 신청 가능하며, 한번 신청된 것은 취소 불가

⑥ 효력 : 최종 합격 전까지 한 번만 신청하면 유효

※ 학과시험 유효기간 2년이 지난 경우 제출서류가 미비하면 다시 제출
※ 제출서류에 문제가 있는 경우 합격했더라도 취소 및 민형사상 처벌 가능

⑦ 절차 : [응시자 : 제출서류 스캔 파일 등록] - [응시자 : 해당 자격 신청] - [공단 : 응시 조건 / 면제 조건 확인 / 검토] - [공단 : 응시 자격 처리(부여 / 기각)] - [공단 : 처리 결과 통보(SMS)] - [응시자 : 처리 결과 홈페이지 확인]

2. 1차 학과시험

1) 학과시험 면제 기준

구분	응시하고자 하는 자격	해당 사항	면제과목
다른 종류의 자격을 보유한 경우	초경량비행장치 조종자(무인 헬리콥터, 무인멀티콥터)	무인 헬리콥터 소지자	무인멀티콥터 학과시험
		무인멀티콥터 소지자	무인 헬리콥터 학과시험
전문 교육기관을 이수한 경우	초경량비행장치 조종자	초경량비행장치 조종자 / 종류 과정 이수	전 과목

2) 접수 기간

① 접수 담당 : 02 - 3151 - 1501
② 접수 일자 : 시험 시행일 기준 2일 전,
　　　　　　　접수 시작일 20:00~접수 마감일 23:59
③ 접수 변경 : 시험 일자 / 장소를 변경하고자 하는 경우 환불 후 재접수
④ 접수 제한 : 정원제 접수에 따른 접수 인원 제한(서울 50, 부산 / 광주 / 대전 각 10석)
⑤ 응시 제한 : 이미 접수한 시험의 결과가 발표된 이후 다음 시험 접수 가능

※ 목적 : 응시자 누구에게나 공정한 응시 기회 제공

3) 접수 방법

- [TS 한국교통안전공단(www.kotsa.or.kr)] - [고객 참여] - [항공 / 초경량 자격시험] - [원서 접수] - [학과시험 접수]
- 자격 분류에는 [초경량비행장치] 선택, 종류에는 [무인멀티콥터] 선택
- 결제수단 : 인터넷(신용카드, 계좌이체)

4) 환불 방법 : 환불 마감일의 23:59까지 홈페이지 [시험 원서 접수] - [접수 취소 / 환불] 메뉴 이용

5) 응시료 : 48,400원

6) 시험 과목 및 범위 : 항공 법규, 항공 기상, 비행 이론과 운용(70점 이상 합격, 유효기간 2년)

	항공 법규	해당 업무에 필요한 항공 법규
초경량 비행장치 조종자 (통합 1과목 40문제, 과목당 50분)	항공 기상	가. 항공 기상의 기초 지식 나. 항공 기상 통보와 일기도의 해독 등(무인비행장치는 제외) 다. 항공에 활용되는 일반 기상의 이해 등(무인비행장치에 한함)
	비행 이론 및 운용	가. 해당 비행장치의 비행 기초 원리 나. 해당 비행장치의 구조와 기능에 관한 지식 등 다. 해당 비행장치 지상 활주(지상 활동) 등 라. 해당 비행장치 이·착륙 마. 해당 비행장치 공중 조작 등 바. 해당 비행장치 비상 절차 등 사. 해당 비행장치 안전 관리에 관한 지식 등

7) 시험 장소

① 항공 학과시험장
- 서울 시험장(50석) : 항공시험처(서울 마포구 구룡길 15)
- 부산 시험장(10석) : 부산경남지역본부(부산 사상구 학장로 256)
- 광주 시험장(10석) : 호남지역본부(광주 남구 송암로 96)
- 대전 시험장(10석) : 중부지역본부(대전 대덕구 대덕대로1417번길 31)

② 지방 화물시험장 : 부산(15석), 광주(17석), 대전(20석)

8) 시행 방법

① 시험 담당 : 02 - 3151 - 1501
② 시행 방법 : 컴퓨터에 의한 시험 시행
③ 시작 시각 : 평일(10:00, 14:00, 17:00), 주말(10:00, 11:00, 14:00)

※ 시작 시각은 여러 종류의 시험 시행으로 인해 시험 일자에 따라 달라질 수 있음

④ 응시 제한 및 부정행위 처리

- 시험 시작 시각 이후에 시험장에 도착한 사람은 응시 불가
- 시험 도중 무단으로 퇴장한 사람은 재입장할 수 없으며 해당 시험 종료 처리
- 부정행위 또는 주의 사항이나 시험 감독의 지시에 따르지 아니하는 사람은 즉각 퇴장 조치 및 무효 처리하며, 향후 2년간 공단에서 시행하는 자격시험의 응시 자격 정지

9) 합격 발표

① 발표 방법 : 시험 종료 즉시 시험 컴퓨터에서 확인
② 발표 시간 : 시험 종료 즉시 결과 확인(공식적인 결과 발표는 홈페이지에서 18:00 발표)
③ 합격 기준 : 70% 이상 합격(과목당 합격 유효)
④ 합격 취소 : 응시 자격 미달 또는 부정한 방법으로 시험에 합격한 경우 합격 취소
⑤ 유효기간 : 해당 과목 합격일로부터 2년간 유효

학과 합격 유효기간	최종 과목 합격일로부터 2년간 합격 유효
실기 접수 유효기간	최종 과목 합격일로부터 2년간 접수 가능

10) **시행일** : 상시 시험으로 [TS 한국교통안전공단(www.kotsa.or.kr)] - [사업소개] - [자격시험 정보] - [항공 / 초경량 자격시험] - [연간 시험 일정]에서 확인 가능

11) **준비물** : 수험표, 신분증(주민등록증 혹은 운전면허증) (항공 학과시험장은 1~12월 매주 월요일+월 1회 토요일 / 지방 화물시험장은 1~12월 매주 수요일 / 공휴일 다음 날 오전은 시험 시행 불가)

3. 2차 실기시험

1) **실기시험 면제 기준** : 없음

2) **접수 기간**

   ① 접수 담당 : 02)3151 ~ 1514
   ② 접수 일자 : (실비행시험) 시험일 2주 전(前) 수요일~시험 시행일 전(前) 주 월요일, 접수 시작일 20:00~마감일 23:59
   ③ 접수 변경 : 시험 일자 · 장소를 변경하고자 하는 경우 환불 후 재접수
   ④ 접수 제한 : 정원제 접수에 따른 접수 인원 제한(서울 50, 부산 / 광주 / 대전 각 10석)
   ⑤ 응시 제한 : 이미 접수한 시험의 결과가 발표된 이후 다음 시험 접수 가능

   ※ 목적 : 응시자 누구에게나 공정한 응시 기회 제공

3) **접수 방법** : 공단 홈페이지 항공 종사자 자격시험 페이지

   • [TS 한국교통안전공단(www.kotsa.or.kr) 로그인] - [사업 소개] - [항공 / 초경량 자격시험] - [시험 정보 안내] - [시험 정보 안내 - 경량 / 초경량] - [실기시험 안내] - [실기시험 접수 신청 바로 가기]

4) **환불 방법** : 환불 마감일의 23:59까지 홈페이지 [시험 원서 접수] - [접수 취소 / 환불] 메뉴 이용

5) **응시료** : 72,600원(응시자가 비행장치 준비)

6) 시험 과목 및 범위

시험과목	범위
초경량비행장치 조종자	• 기체 및 조종자에 관한 사항 • 기상·공역 및 비행장에 관한 사항 • 일반 지식 및 비상 절차 등 • 비행 전 점검 • 지상 활주(또는 이륙과 상승 또는 이륙 동작) • 공중 조작(또는 비행 동작) • 착륙 조작(또는 착륙 동작) • 비행 후 점검 등 • 비정상 절차 및 비상 절차 등

7) 채점 기준표

① 등급 표기 : S(만족, Satisfactory), U(불만족, Unsatisfactory)
② 모든 항목 S등급 이상이어야 합격

	초경량비행장치 조종자 (무인멀티콥터)	초경량비행장치 조종자 (무인 헬리콥터)
구술시험	1. 기체에 관련한 사항 2. 조종자에 관련한 사항 3. 공역 및 비행장에 관련한 사항 4. 일반 지식 및 비상 절차 5. 이륙 중 엔진 고장 및 이륙 포기	1. 기체에 관련한 사항 2. 조종자에 관련한 사항 3. 공역 및 비행장에 관련한 사항 4. 일반 지식 및 비상 절차 5. 이륙 중 엔진 고장 및 이륙 포기
실기시험 (비행 전 절차)	6. 비행 전 점검 7. 기체의 시동 8. 이륙 전 점검	6. 비행 전 점검 7. 기체의 시동 8. 이륙 전 점검
실기시험 (이륙 및 공중 조작)	9. 이륙 비행 10. 공중 정지 비행(호버링) 11. 직진 및 후진 수평 비행 12. 삼각 비행 13. 원주 비행(러더턴) 14. 비상 조작	9. 이륙 비행 10. 공중 정지 비행(호버링) 11. 상승 및 하강 비행 12. 직진 및 후진 수평 비행 13. 좌우 수평 비행 14. 원주 비행(러더턴) 15. 비상 조작
실기시험 (착륙 조작)	15. 정상 접근 및 착륙 16. 측풍 접근 및 착륙	16. 정상 접근 및 착륙 17. 측풍 접근 및 착륙

실기시험 (비행 후 점검)	17. 비행 후 점검 18. 비행 기록	18. 비행 후 점검 19. 비행 기록
실기시험 (종합 능력)	19. 안전거리 유지 20. 계획성 21. 판단력 22. 규칙의 준수 23. 조작의 원활성	20. 안전거리 유지 21. 계획성 22. 판단력 23. 규칙의 준수 24. 조작의 원활성

8) **시험 장소** : 응시자 요청에 따라 별도 협의 후 시행

	상설 실기시험장(무인멀티콥터 전용 시험장)				
지역	경기	강원	충청	전라	경상
시험장 소재지	안양	영월	청양, 보은	전주, 순천, 장흥	김해, 사천, 영천
1월~12월	매주 화, 수요일에 실시(오전 8시부터 시험 시작)				

	응시자가 교육받은 전문 교육기관 시험장에서 시험 실시						
구역	1구역		2구역		3구역		4구역
지역 (광역 단위)	경기 인천	충북	강원	전남 광주	충남 대전, 세종	경남 부산, 울산	전북	경북 대구
1월~12월	월 1~2회 목, 금요일에 실시(구역별 일정 차이 있음 / 같은 구역은 같은 날 시험)						

* 시험 장소/일자 및 응시 가능 인원은 한국교통안전공단 홈페이지에서 확인
* 전문 교육기관의 구역 지정은 공단에 신청한 비행장의 주소 기준, 상설 시험장은 지역 무관 응시 가능
* 제주 지역은 응시 인원에 따라 담당자와 별도 협의하여 일자 지정

9) **시행 방법**

① 시험 담당 : 02)3151 ~ 1514

② 시행 방법 : 실비행형 시험(실비행 + 구술 면접)

③ 시작 시각 : 공단에서 확정 통보된 시작 시각(시험 접수 후 별도 SMS 통보)

④ 응시 제한 및 부정행위 처리

- 사전 허락 없이 시험 시작 시각 이후에 시험장에 도착한 사람은 응시 불가
- 시험위원 허락 없이 시험 도중 무단으로 퇴장한 사람은 해당 시험 종료 처리
- 부정행위 또는 주의 사항이나 시험 감독의 지시에 따르지 아니하는 사람은 즉각 퇴장 조치 및 무효 처리하며, 향후 2년간 공단에서 시행하는 자격시험의 응시 자격 정지

10) 합격 발표

　① 발표 방법 : 시험 종료 후 인터넷 홈페이지에서 확인
　② 발표 시간 : 시험 당일 18:00
　③ 합격 기준 : 채점 항목의 모든 항목에서 "S"등급 이상 합격
　④ 합격 취소 : 응시 자격 미달 또는 부정한 방법으로 시험에 합격한 경우 합격 취소

4. 자격증 발급

1) 자격증 신청 제출서류

　① (필수) 증명사진 1부
　② (필수) 보통 2종 이상 운전면허 사본 1부
　　※ 보통 2종 이상 운전면허 신체검사 증명서 또는 항공 신체검사 증명서도 가능

2) 신청 방법

　① 발급 담당 : 02) 3151 ~ 1503
　② 수수료 : 11,000원
　③ 신청 기간 : 최종 합격 발표 이후(인터넷 : 24시간, 방문 : 근무시간)
　④ 신청 장소

　　- 인터넷 : 공단 홈페이지 항공 종사자 자격시험 페이지
　　- 방문 : 항공시험처 사무실(평일 09:00~18:00)

　　※ 주소 : 서울 마포구 구룡길 15(상암동 1733번지) 상암자동차검사소 3층

　⑤ 결제수단 : 인터넷(신용카드, 계좌이체), 방문(신용카드, 현금)
　⑥ 처리 기간 : 인터넷(2~3일 소요), 방문(10~20분)
　⑦ 신청 취소 : 인터넷 취소 불가(전화 취소 02)3151 - 1503 자격 발급 담당자)

　　※ 이밖에 자세한 사항은 TS 한국교통안전공단(www.kotsa.or.kr) - [사업 소개] - [자격시험 정보] - [항공/초경량 자격시험] - [시험 정보 안내] - [시험 정보 안내 - 경량/초경량]에서 확인하실 수 있습니다.

2019년도 초경량비행장치 조종자 자격 증명 시험 일정

정부 시책에 따라 공휴일 등이 발생하는 경우 시험 일정이 변경될 수 있음

1) 학과시험 일정(시험일정은 교통안전공단의 사정에 따라 변경될 수 있음)

구분	시험 일자 (시험 접수 : '18년 12월 4일 20:00 ~ 시험일 2일 전 23:59)							
종목	항공 학과시험장 (서울 50석, 부산 10석, 광주 10석, 대전 10석)				지방 화물시험장 (부산 15석, 광주 17석, 대전 20석)			
월	1주(월)	1주(월)	3주(월)	4주(월)	1주(수)	2주(수)	3주(수)	4주(수)
1월	7, 12(토)	14	21	28	9	16	23	30
2월		11	18, 23(토)	25		13	20	27
3월	4, 9(토)		18		6	13	20	27
4월	1	13(토)	15	(5주)29	3	10	17	24
5월		11(토)		20	8	15	22	29
6월	3	8(토)	17		5	12	19	26
7월		8, 13(토)		22	3	10	17	24
8월	5, 10(토)		19		7	14	21	28
9월	2		23, 28(토)	4		18	25	
10월		7, 12(토)		21	2		16	23 (5주)30
11월	4, 9(토)		18		6	13	20	27
12월	2		16, 21(토)		4	11	18	

* 공휴일 다음날에 학과시험을 시행할 경우 시스템 점검을 위해 오전 시험 시행 불가
* 시험 취소(환불)는 시험일 3일 전 23:59까지 가능

2) 실기시험 일정(시험 일정은 교통안전공단의 사정에 따라 변경될 수 있음)

• 초경량비행장치 조종자 증명 시험 일정(실비행형 = 실비행+구술면접)

구분	(시험 접수 : '18년 12월 10일 20:00 ~ 시험 전 주 월요일 23:59)			
	무인멀티콥터 전용 상설 실기시험장 - 안양, 영월, 청양, 보은, 전주, 순천, 장흥, 김해, 사천, 영천			
월	1주(화 / 수)	2주(화 / 수)	3주(화 / 수)	4주(화 / 수)
1월		15, 16	22, 23	29, 30
2월		12, 13	19, 20	26, 27
3월	5, 6	12, 13	19, 20	26, 27
4월	2, 3	9, 10	16, 17	23, 24
5월		14, 15	21, 22	28, 29

비법전수 레전드 드론 – 무인멀티콥터 구술·실기시험

6월		4, 5	11, 12	18, 19	25, 26
7월			9, 10	16, 17	23, 24
8월		6, 7	13, 14	20, 21	27, 28
9월		3, 4		17, 18	24, 25
10월		1, 2		15, 16	22, 23 (5주)29, 30
11월		5, 6	12, 13	19, 20	26, 27
12월		3, 4	10, 11	17, 18	

* 시험 장소 / 일자별로 응시 가능 인원에 따라 응시 인원 제한
* 실기시험 취소(환불) 또는 일자 변경은 시험일 전 주의 월요일 23:59까지 가능

• 초경량비행장치 전문 교육기관 시험 일정

구분	(시험 접수 : '18년 12월 10일 20:00 ~ 시험 전 주 월요일 23:59)					
구역	응시자가 교육받은 전문 교육기관 시험장에서 시험 시행					
경기·충북 인천 (1구역)	월	목요일	금요일	월	목요일	금요일
	1월	17	18	7월	4	5
	2월	21	22	8월	8	9
	3월	28	29	9월	19	20
	4월	25	26	10월	31	23, 24
	5월	30	31	11월	28	1, 29
	6월	-	-	12월	-	-
전남 광주·강원 (2구역)	월	목요일	금요일	월	목요일	금요일
	1월	24	25	7월	11	12
	2월	-	-	8월	22	23
	3월	7	8	9월	26	27
	4월	4	5	10월	-	-
	5월	9	10	11월	7	8
	6월	13	14	12월	5	6
충남 대전 세종·경남 울산 부산 (3구역)	월	목요일	금요일	월	목요일	금요일
	1월	31	-	7월	18	19
	2월	-	1	8월	29	30
	3월	14	15	9월	-	-
	4월	11	12	10월	17	18
	5월	16	17	11월	14	15
	6월	20	21	12월	12	13
전북·경북 대구 (4구역)	월	목요일	금요일	월	목요일	금요일
	1월	-	-	7월	25	26
	2월	14	15	8월	-	-
	3월	21	22	9월	5	6
	4월	18	19	10월	24	25
	5월	23	24	11월	21	22
	6월	27	28	12월	19	20

* 구역 지정은 공단에 신청한 비행장의 주소 기준
* 제주 지역은 응시 인원에 따라 담당자와 별도 협의하여 일자 지정

지도조종자(교관) 실기평가조종자 준비 사항

1. 지도조종자(교관)

1) 비행경력 준비 및 등록 절차

① 비행경력 확보

개인 비행	교육원 교관과정반

• 기체 구입 또는 임대(12kg 초과, S넘버 등록, 보험 가입된 기체)
• 80시간 이상 비행 기록 및 증빙 자료 준비
• 사전에 비행경력 발급 기관을 섭외할 것(공단에 등록된 지도조종자라도 개인은 비행경력 증명서 발급 불가)
	• 교육 기관 중 교관과정반 개설 기관과 협의
	• 장비는 직접 구입 또는 기관 장비 임대 선택
	• 교육비는 교육 기관과 협의
	  자가 기체 : 200~400만 원
	  임대 기체 : 600~900만 원

② 경력 증명서 발급

개인 비행	교육원 교관과정반
• 증빙 자료를 사전 협의된 기관에 제출하고 경력 증명서를 발급 가능(발급 비용도 사전에 협의할 것)	• 80시간 이상 교육 이수 후 기관에서 발급

③ 교관 입과 신청

- 항공교육훈련포털에 회원가입 후 교관 입과 신청(사이트 주소 : https : / / www.kaa.atims.kr)
- 비행경력 증명서(총 100시간 이상), 교관 입과 신청서 제출
- 접수 후 공단에서 교육 일정 문자 메시지로 전송(2018년 11월 기준 입과까지 약 11개월 대기)

④ 교관 교육과정 이수

- 한국교통안전공단(경북 김천 소재)에서 3일간 교육과정 진행(19시간)
- 3일차에 자체 평가 실시 후 합격자에 한해 수료증 발급
- 교육비는 공단에서 안내(현행 15만 원)

⑤ 지도조종자 등록

- 한국교통안전공단 항공시험처에서 심사 후 등록
- 등록 후 확인 메일 개별 전송(평가조종자 과정 이수 후 약 2주 소요)

2) 운영 근거

① 항공안전법 시행규칙 제307조(초경량 비행장치 조종자 전문 교육기관 지정 등)
② 초경량 비행장치 자격 증명 운영 세칙 제9조의 제2(지도조종자 등록 등)

※ 입과 신청 서류 : 비행경력 증명서, 교관 입과 신청서

3) 운영 기준

① 입과 대상 : 만 20세 이상, 초경량 비행장치 조종자 증명 취득 후 80시간 이상 비행한 자
② 교육 내용 : 관계 법령, 비행 교수법 등 이론 수업 및 평가

4) 교육 프로그램(변동 가능)

교육 과목	시간
오리엔테이션(교육 일정, 목표, 주의 사항 안내)	1
항공안전법, 정책 동향	2
비행 공역 / 항공 안전	2
항공사업법	2
무인 비행장치 안전 관리 / 사고 사례	2
무인 항공기 운용의 인적 요인	2
무인 비행장치 산업의 기술 동향	2
기체 운용	2
비행 교수법	2
평가 및 수료	2
계	19

5) 지도조종자

① 지도조종자의 정의 : 만 20세 이상으로 항공안전법 시행규칙 제307조 제2항 제1호 가목에 따른 무인멀티콥터 지도조종자 자격 증명을 소지한 자로서 동 과정의 학과 교육을 실시하는 데 필요한 지식과 능력이 있는 자(항공안전법 시행규칙 별표 4-2 2017.7.18. 시행)

② 지도조종자의 필요 능력

학과 교수 능력	항공 법규, 항공 역학(비행 원리), 비행 운용, 항공 기상 강의가 가능할 것
비행 교수 능력	비행 실기 교육 및 무인 항공기 안전 관리에 관한 지식을 갖출 것
비행 능력	교육생의 실기 비행 시 안전을 위한 능동적 대처가 가능할 것
정비 능력	해당 장치의 분해 / 조립 / 세팅 응급조치의 능력을 갖출 것
비행 실무 능력	항공 촬영, 항공 방제 및 기타 임무 비행 방법 등을 교육할 능력을 갖출 것

6) 입과 준비

① 입교 전 : 과정 입교 후 강의 내용에 대한 평가를 실시하므로 미리 그 내용에 해당하는 부분을 읽어보고 숙지하는 것이 도움이 된다.
- 항공 관계법령 : 항공안전법, 항공사업법의 시행령과 규칙 및 초경량 비행장치 관련 용어 이해
- 안전 관리, 운용, 비행 교수법 등 지도조종자 업무와 관련된 내용 이해
- 교통안전공단 운영 세칙에 대한 이해
- 멀티콥터 기체의 구조 및 장치의 운용 원리에 대한 이해

> **Tip** 지도조종자 평가시험의 기출문제를 입수하여 미리 공부하는 것도 도움이 된다.

② 입교 중

- 입교 시 교부받은 종합 교재를 바탕으로 매일 수업 일정 종료 후 복습을 철저히 한다.
- 각 과목의 강의를 집중해서 듣고 중요한 사항은 필기하여 미리 정리해 둔다.

2. 실기평가조종자(평가관)

1) 비행경력 준비 및 등록 절차

① 비행경력 확보

개인 비행	교육원 교관과정반

• 기체 구입 또는 임대(12kg 초과, S넘버 등록, 보험 가입된 기체)
• 50시간 이상 비행 기록 및 증빙 자료 준비
• 사전에 비행경력 발급 기관을 섭외할 것(공단에 등록된 지도조종자라도 개인은 비행경력 증명서 발급 불가)
	• 교육 기관 중 교관과정반 개설 기관과 협의
	• 장비는 직접 구입 또는 기관 장비 임대 선택
	• 교육비는 교육 기관과 협의
	   자가 기체 : 200~300만 원
	   임대 기체 : 300~600만 원

② 경력 증명서 발급

개인 비행	교육원 교관과정반
• 증빙 자료를 사전 협의된 기관에 제출하고 경력증명서를 발급 가능(발급 비용도 사전에 협의할 것)	• 50시간 이상 교육 이수 후 기관에서 발급 - 총 비행시간이 150시간 이상이어야 한다.

③ 입과 신청

- 항공교육훈련포털에 평가관 입과 신청(사이트 주소 : https://www.kaa.atims.kr)
- 비행경력 증명서(총 150시간 전체), 평가조종자 입과 신청서, 지도조종자 등록 알림 공문(공단에서 수신한 메일)
- 접수 후 공단에서 교육 일정 문자 메시지로 전송

④ 교육과정 이수

- 한국교통안전공단에서 교육 장소를 별도로 선정하여 실시(1일 / 8시간)
- 기체는 교육생 개인이 지참하여 실기시험을 진행하며 합격자에 한해 수료증 발급
- 교육비는 공단에서 안내(현행 300,000원 / 시험용 기체 미준비 시 대여료 100,000원)

⑤ 평가조종자 등록

- 한국교통안전공단 항공시험처에서 심사 후 등록
- 등록 후 확인 메일 개별 전송(평가조종자 과정 이수 후 약 2주 소요)

2) 배경

① 항공법 시행규칙 개정(2016.10)으로 지도조종자 및 실기 평가조종자의 등록 요건에 "교육과정 이수"가 추가되었다.

② 변경 전 [일정 비행 시간 확보] ⇒ 변경 후 [실기 평가과정 이수]

3) 목적 : 초경량 비행장치 실기 평가조종자의 역량 제고를 통한 안전 수준 함양

4) 교육 대상 및 교육 방법

① 교육 대상 : 지도조종자 자격 보유자 중 동종(단일 기체) 비행경력이 150시간 이상인 자로, 전문 교육기관 설립을 희망하는 자

※ 다음 3항목을 모두 만족해야 함
 Ⓐ 지도조종자일 것
 Ⓑ 만 20세 이상일 것
 Ⓒ 단일 기체 비행경력이 150시간 이상일 것

② 교육 내용

교육 과목	교육 내용	교육시간
항공안전법	전문 교육기관 인가 기준 및 정책 동향	1
조종 실습	팀별 조종 실습 및 평가 토의(1명 비행, 3명 모의평가)	4
비행 교수법	실기시험 평가 기준 및 평가 요령	1
실기 평가	조종 능력 평가(전 과정 Atti-Mode)	2
계		8

5) 입교 준비

- 한국교통안전공단의 운영 세칙을 충분히 숙지하고 입교한다.
- 실기 평가 방법을 이해하고 미리 충분한 훈련을 진행한다.

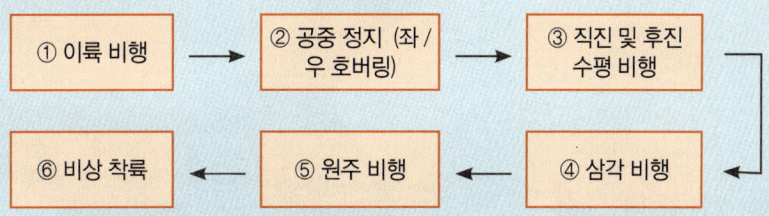

chapter 01 구술시험

01 시험 범위 & 핵심 내용

02 구술시험 주요 내용
1. 기체에 관한 사항
2. 조종자에 관한 사항
3. 공역 및 비행장에 관한 사항
4. 기상에 관한 사항
5. 일반 지식 및 비상 절차에 관한 사항
6. 이륙 중 엔진 고장 및 이륙 포기
7. 기타

03 구술시험 기출 사례
1. 기체에 관한 사항
2. 항공 법규에 관한 사항
3. 비행 원리에 관한 사항
4. 장비 운용에 관한 사항

01 시험 범위 & 핵심 내용

🔷 시험 범위 & 핵심 내용

구분		내용
기체	비행 장치의 종류	기체의 형식, 종류 및 사용 목적에 대한 이해 • 기체 제원, 형식, 규격(자체 중량, 최대 이륙 중량, 축간거리, 배터리 용량, 로터 규격) • 멀티콥터의 비행 원리 : Pitch, Roll, Yaw, Throttle • 각 제어 장비의 명칭, 기능(FC, Gyro, Compass, Barometer, GPS / GLONASS, IMU) - 기체, 조종기, 배터리 관리 등
	안전 관리	안전을 위해 필요한 항목 및 확인·점검 사항에 대해 이해하고 설명
	비행 규정	비행 규정에 대해 설명할 수 있을 것(기체 제원, 성능, CG, 운용 범위, 긴급 조치)
	정비 규정	기본적인 장비의 점검, 조정 항목에 대해 이해
조종자	신체검사	항공 종사자 2급 신체검사 또는 2종 보통 운전면허에 준하는 신체검사 증명서를 보유할 것
	학과시험	학과시험에서 유효한 점수로 합격할 것
	비행경력	실기 기량 평가에 필요한 비행경력을 보유할 것(20시간 이상)

chapter 01 구술시험

구분		내용
공역	기상	멀티콥터 운용에 필요한 기상에 관한 지식 • 기상의 7요소(강수, 구름, 기압, 기온, 바람, 습도, 시정)에 대해 이해하고 설명
공역	비행장	공역 확인(좌, 전방, 우, 후방 및 시전, 측풍)을 정확히 진행할 수 있을 것
일반 / 비상	비행 규칙	조종자 준수사항, 안전 수칙 등에 대해 이해하고 설명 • 비행 계획, 비상 절차, 회피 기동 • 비행 정보, NOTAM, AIC, AIP 등
	비행 계획	초경량비행장치의 비행 승인 조건에 대해 이해 • 현재 실시하고자 하는 비행 및 비행 절차에 대해 설명
	비상 절차	비행 중 엔진 고장, 전원 이상, 화재 시 비상조치 방법에 대해 이해하고 설명 • 비상시 사고 예방 및 우선순위에 대해 설명
이륙 포기 엔진 고장	이륙 중 엔진 고장	이륙 중 엔진 고장 시 대처 방법에 대한 이해 및 설명 • 이륙 절차 진행 중 비정상 상황에서의 대처법
	이륙 포기	이륙 절차 중 엔진 고장 발생 및 이륙 포기 절차에 대한 이해 및 설명

02 구술시험 주요 내용

1. 기체에 관한 사항

1) 기체의 종류

(1) 기체 형식(무인멀티콥터의 형식)

❯ 드론에 사용되는 로터의 개수에 따른 명칭

로터의 개수	우리말	라틴어	그리스어
1	모노	uni	mono
2	바이	bi	di
3	트라이	tri	tri
4	쿼드	quad	tetra
5	펜타	penta	penta
6	헥사	hexa	hexa
8	옥토	octo	okto
12	도데카	duodecim	dodeca
16	헥사데카	sedecim	hexadeca

chapter 01 구술시험

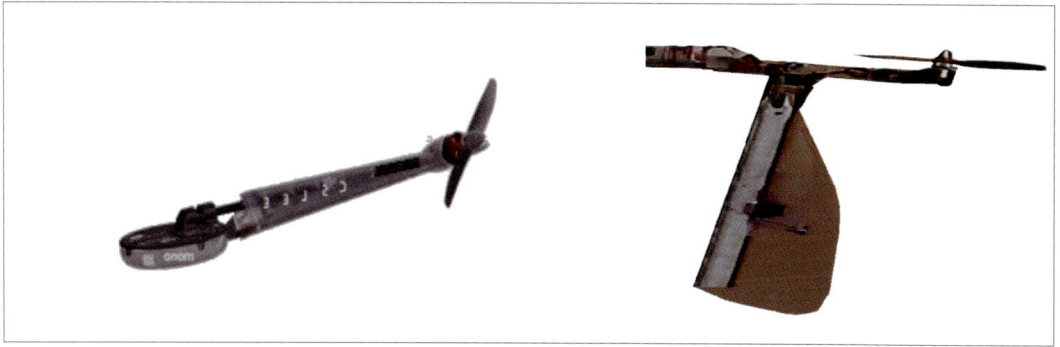

▲ 로터가 1개인 모노(Mono)콥터

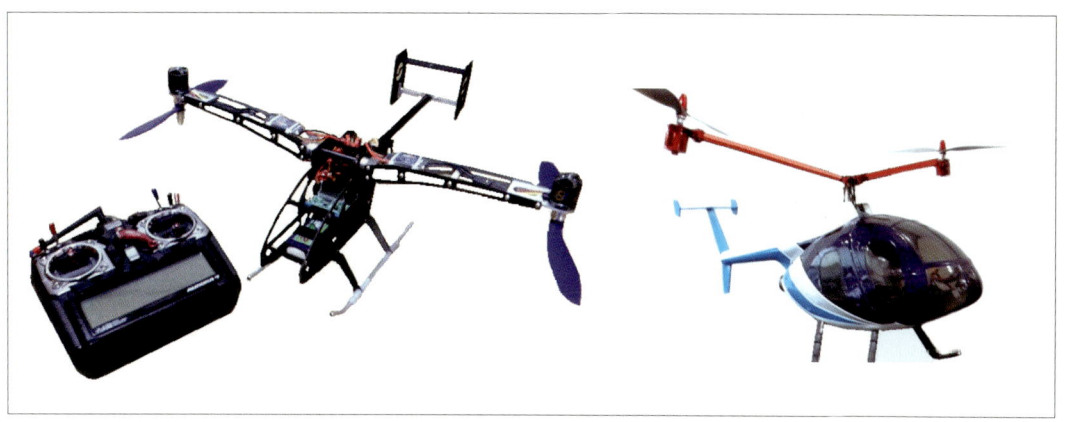

▲ 로터가 2개인 바이(Bi)콥터

▲ 로터가 3개인 트라이(Tri)콥터

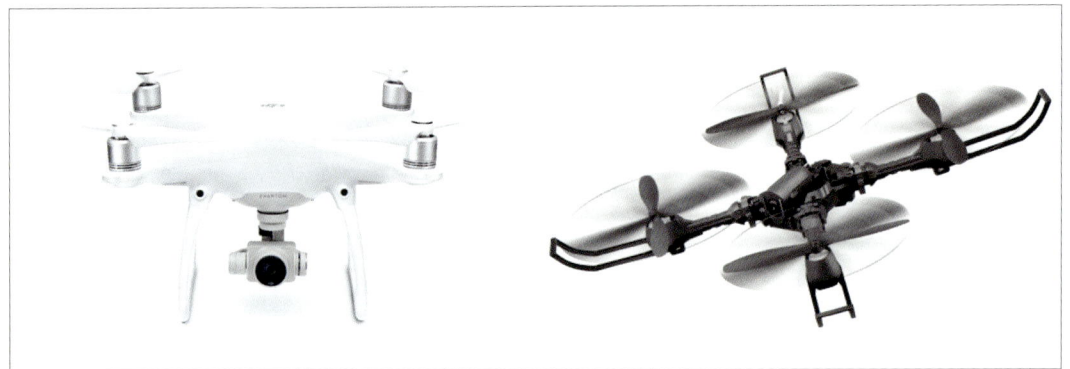

▲ 로터가 4개인 쿼드(Quad)콥터

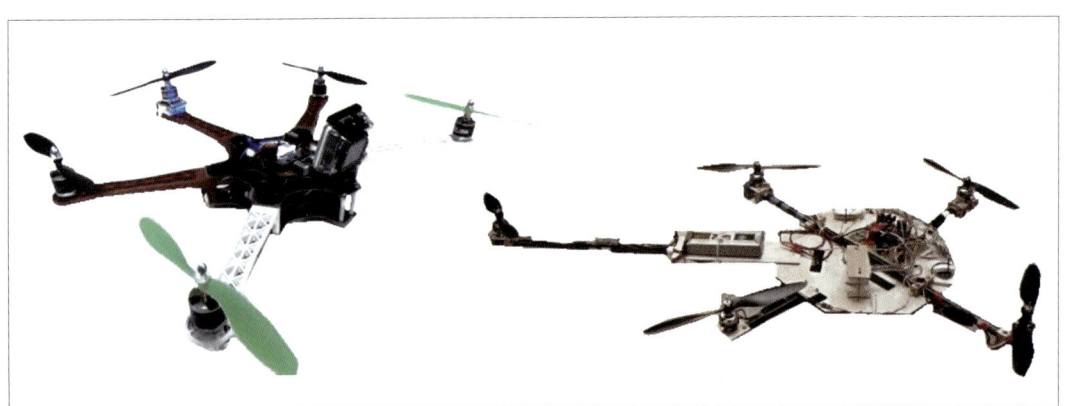

▲ 로터가 5개인 펜타(Penta)콥터

▲ 로터가 6개인 헥사(Hexa)콥터

▲ 로터가 8개인 옥토(Octo)콥터

▲ 로터가 12개인 도데카(Dodeca)콥터

▲ 로터가 16개인 헥사데카(Hexadeca)콥터

2) 배터리에 관한 이해

    (1) 주 전원 : Li-Po, LiFePo4

    (2) 조종기 전원 : Li-Po, Ni-MH

    (3) 배터리의 종류 및 특성 : Lead-acid, Ni-Cd, Ni-MH, Li-Ion, Li-Po, LiFePo4

(4) Li-Po 배터리에 대한 이해

① **전압**

공칭 전압	3.7V 6Cell인 경우 3.7×6 = 22.2V
완충 전압	4.2V 6Cell인 경우 4.2×6 = 25.2V
보관 전압	3.7~3.85V(약 50~60%) 발란서 충전기의 장기 보관 모드 이용

② **용량 / 규격** : mAh(밀리암페어)로 표기한다. 수치가 높을수록 용량이 많은 것이다. 대용량의 경우 밀리를 빼고 그냥 Ah(암페어)로 부르기도 한다.

③ **방전율 C값에 대한 이해와 설명** : 방전율(Capacity-rate / C-rate)은 배터리 용량의 1배만큼 전류를 줄 수 있다는 뜻이다. 만약 3.7V 1,000mAh의 배터리가 있다면, 이 배터리의 1C값은 3.7V×1A×1C = 3.7W / h가 된다. 이를 해석하면 3.7W의 전류를 1시간 동안 줄 수 있다는 뜻이다. 이 배터리의 방전율이 10C가 된다면 3.7×1×10 = 37W / 6m가 되고 37W의 전류를 6분(1시간 / C값) 동안 줄 수 있게 된다. 보통의 방제용 멀티콥터의 방전율이 25C 정도인데 비행시간이 15분 정도인 것을 감안하면 4C의 값으로 방전하고 있다는 것을 알게 된다. 또한 배터리 용량과 비행시간만 알면 기체의 소비 전력도 어느 정도 가늠할 수 있게 된다. 하지만 방전율이 무조건 높은 것은 좋지 않다. 그만큼 배터리의 수명도 빨리 줄어들 수 있기 때문이다. 또한 충전은 완속으로 2C 범위 이내(30분 만에 완전 충전)에서 하는 것이 배터리 수명을 위해서 좋다. 3C 이상(20분 만에 완전 충전)은 추천하지 않는다.

④ 보관 및 주의 사항 : 습기 · 냉소 · 더운 곳을 피할 것, 충격 금지, 단락 · 합선 금지, 개조 금지

3) 비행 모드(GPS, Atti)에 대한 이해

(1) GPS-Mode :

- GPS, Gyro, Compass, Barometer, Accelerator 모두 작동한다.
- 호버링 상태에서 (Pitch / Roll) 조종간의 손을 놓으면 기체가 제자리를 유지한다(Throttle / Yaw 조작 시에도 유효).
- 고도, 방향 모두 제어 가능하다.
- (Pitch / Roll) 조종간을 조금이라도 움직이면 GPS 상태가 해제된다.

(2) Attitude-Mode :

- Gyro, Compass, Barometer, Accelerator가 작동한다.
- 호버링 상태에서(Pitch / Roll) 조종간의 손을 놓으면 GPS를 제외한 모든 센서는 동일하게 작동한다.
- 기체는 불균형 상태가 되거나 바람을 타고 날려간다.

	애띠 모드에서 기체를 GPS 모드처럼 안정화하는 두 가지 방법
초급	기체가 흘러가는 방향을 보고 신속하게 Pitch / Roll 키를 움직이되 부지런히 움직이면서 기체가 처음 있던 자리를 계속 유지하도록 쉼 없이 제어한다.
고급	기체가 바람을 타고 날려가는 방향+양을 보고 정확히 반대 방향으로 흘러가는 양만큼 제어한다. 기체가 살짝 기울어진 상태에서 이동하지 않도록 Pitch / Roll 키를 일정한 위치에 고정하듯 제어한다.(이때는 바람의 변화에 매우 민감하게 조금씩 반응을 하되 조종간을 중립 위치로 돌리지는 않는다.)

4) 비행 제어 시스템 각 부품의 명칭과 기능

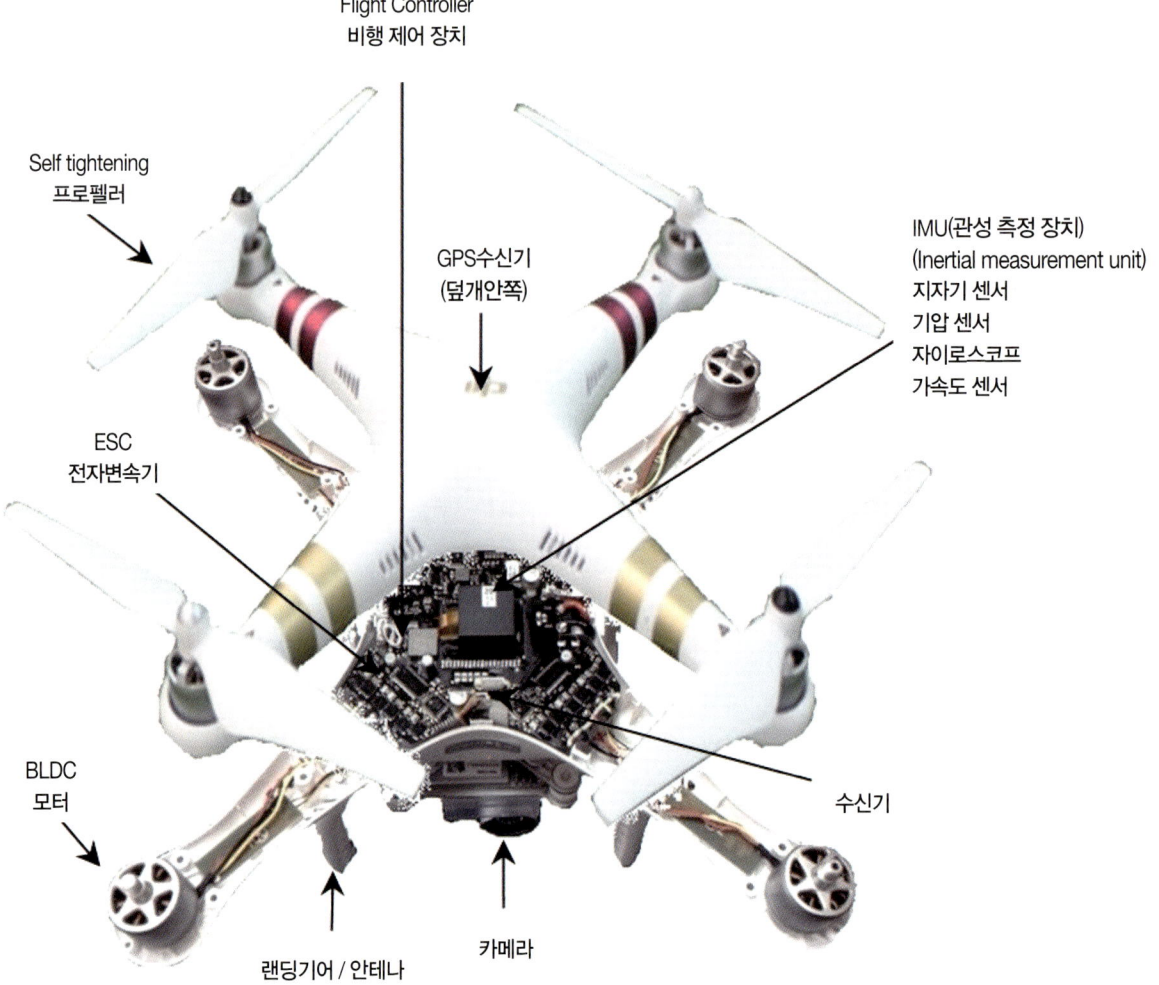

▲ 쿼드콥터 구조도(DJI 팬텀 3)

(1) FC(Flight Controller) / FCU(Flight Control Unit) : 비행 제어 장치

(2) IMU(Inertial Measurement Unit) : 관성 측정 장치(Gyroscope, Barometer, Accelerometer를 포함)

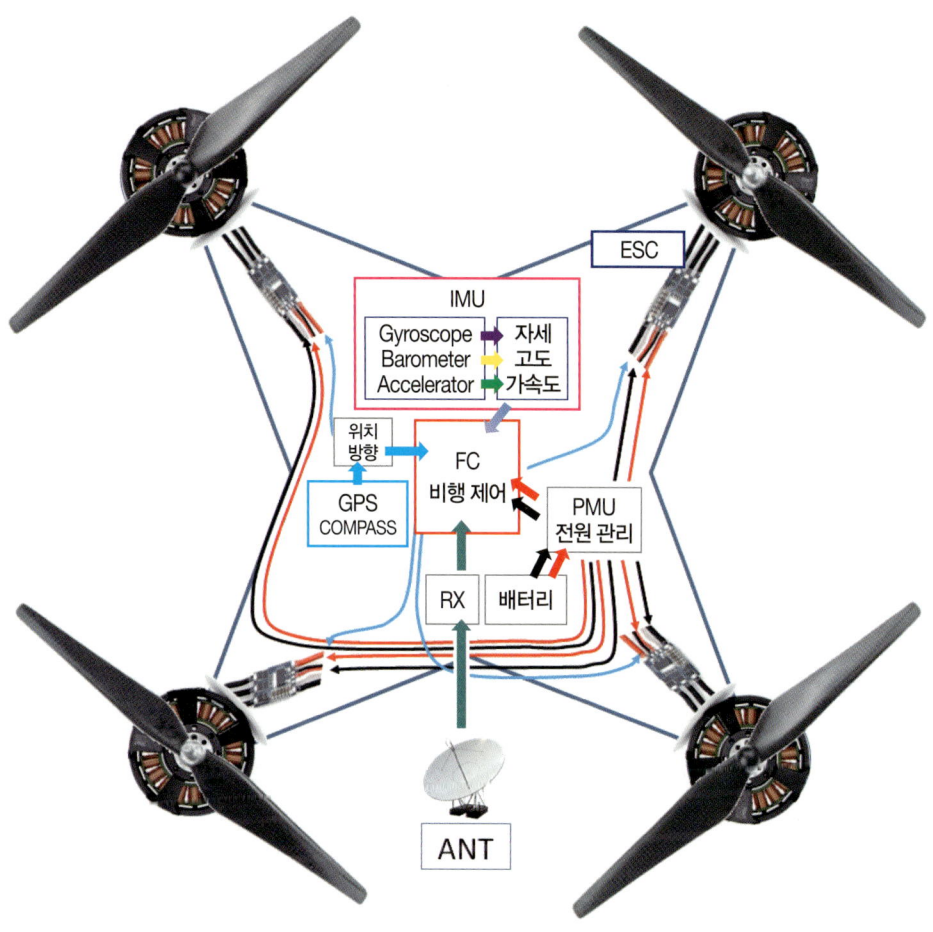

▲ 멀티콥터의 결선도(BAT, ANT, PMU, FC, IMU, GPS, ESC)

(3) **Radio-Link** : TX(Transmitter)+RX(Receiver)로 구성된 무선 송수신 장치

(무선 조종기 / 수신기)

(4) **PMU**(Power Management Unit) : 전원 관리 장치 배터리에서 공급되는 전류를 각 장비에 맞는 전압으로 변환하거나 장비의 성격에 맞는 전류를 공급하는 장치

(5) 각종 센서

GPS	Global Positioning System / 위성 항법 장치 - 미국
GLONASS	Global Navigation Satellite System - 러시아
Gyroscope (자이로 / Gyro)	회전의(回轉儀), 회전 속도 측정 장치 - 수평 유지 및 방향의 흔들림을 안정시키는 장치
Barometer	기압계, 실시간으로 반영되는 기압의 높고 낮음의 변화를 읽어 기체의 고도를 안정시키는 장치
Compass	전자 나침반, 지구 자기의 흐름을 읽어 현재 기체의 방향이 안정되도록 유지하는 장치
Accelerometer	가속도 측정기, 현재의 위치에서 전 / 후 / 좌 / 우 / 상 / 하 방향으로의 이동 속도를 측정하여 기체의 운행 안정성을 확보하고 GPS 항법의 위치를 보조하는 장치

(6) **ESC**(Electronic Speed Controller / 전자 변속기) : **PMU**(Power Management Unit / 전원 관리 장치)에서 전류를 공급받아 FC에서 보내지는 변속 신호에 맞게 모터에 공급하는 장치

(7) **BLDC**(Brushless Direct Current) : 브러시(정류자)가 없는 직류 모터를 뜻한다. 일반적인 직류 모터는 + 와 -극으로 된 정류자가 3분(3극)된 회전자의 2개 면과 접촉하면서 회전하게 되는데, 브러시리스 모터는 교류 3상 유도 전동기와 같은 형태로 A, B, C 3위상이 순차적으로 전류를 보내면서 회전하게 된다. 교류 단상 유도 전동기의 회전수는 교류의 특성상 분당 60Hz의 Pulse로 인해 60Pulse×60초 = 3,600RPM 회전하게 되고, 교류 3상 유도 전동기는 1,800RPM으로 한정되지만 BLDC

는 전자 제어 방식으로 Pulse를 제어하므로 분당 0~수십만 회전까지 가능하다.

5) 비행 원리

(1) **상승 / 하강 비행** : 모든 로터가 동일한 속도로 회전하면서 추력을 증가시켜 중력보다 양력(추력)을 크게 하면 상승하게 되고 반대로 추력을 감소시키면 하강하게 된다.

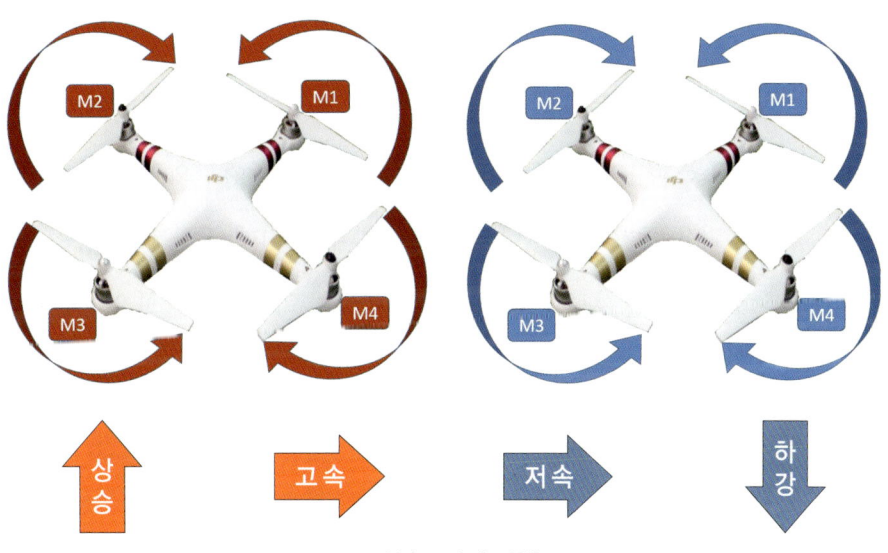

▲ 상승 / 하강 비행

(2) **전진 / 후진 비행** : 전방에 위치한 로터는 정지 비행 수준의 회전을 유지한 채 후방에 위치한 로터의 추력을 증가시키면 전진, 반대로 하면 후진하게 된다.

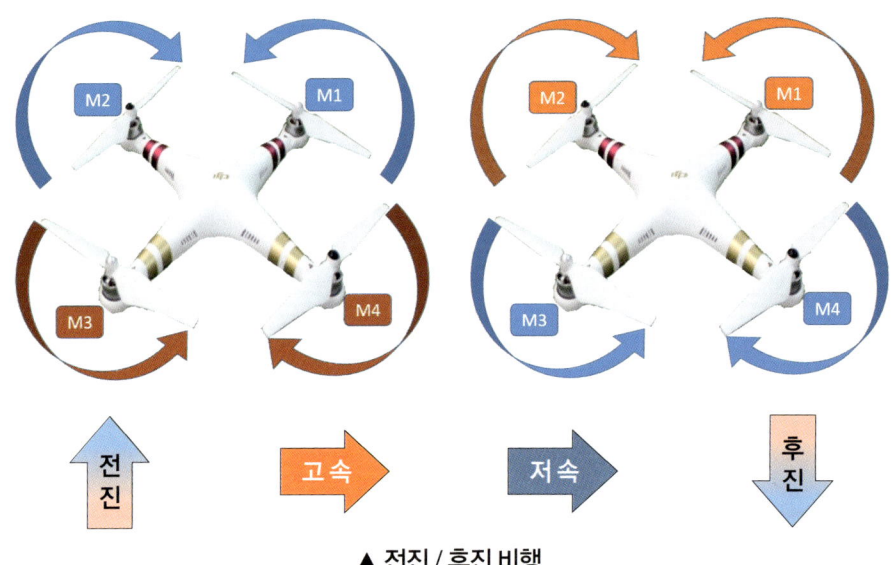

▲ 전진 / 후진 비행

(3) 좌 / 우 수평 비행 : 기체의 중심선을 기준으로 좌·우측 어느 한 방향의 추력을 증가시키면 반대 방향으로 수평 비행을 하게 된다. 좌측의 추력을 높이면 우측으로, 우측의 추력을 높이면 좌측으로 이동한다.

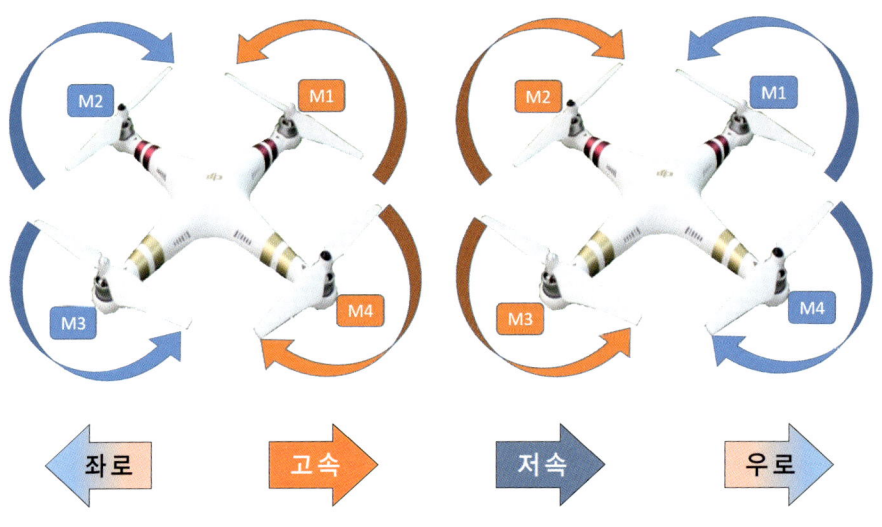

▲ 좌 / 우 수평 비행

(4) **좌 / 우회전 비행** : 멀티콥터의 역토크를 이용한 비행으로 서로 회전하고자 하는 방향의 반대 방향으로 회전하는 로터의 회전수를 증가시켜 그 반발력을 이용하여 회전하게 된다. 좌로 회전하려는 경우 우측(시계방향 / CW)으로 회전하는 로터의 회전 속도를 올리고, 우로 회전하려는 경우 좌측(반시계방향 / CCW)으로 회전하는 로터의 회전 속도를 올리게 된다.

> ※ 좌 / 우 회전 비행의 경우 회전 속도를 높이지 않는 쪽의 회전을 그대로 유지한 채, 역토크를 이용하고자 하는 로터의 회전 속도만 증가시키는 경우 전체적인 양력 증가로 인한 상승 비행을 하게 된다. 그러므로 특정 방향의 회전을 증가시키는 만큼 반대 방향의 회전은 상대적으로 감소시키되, 증가한 회전과 감소한 회전으로 인한 양력은 정지 비행 시와 같이 멀티콥터 중량만큼 발생시켜야 한다.

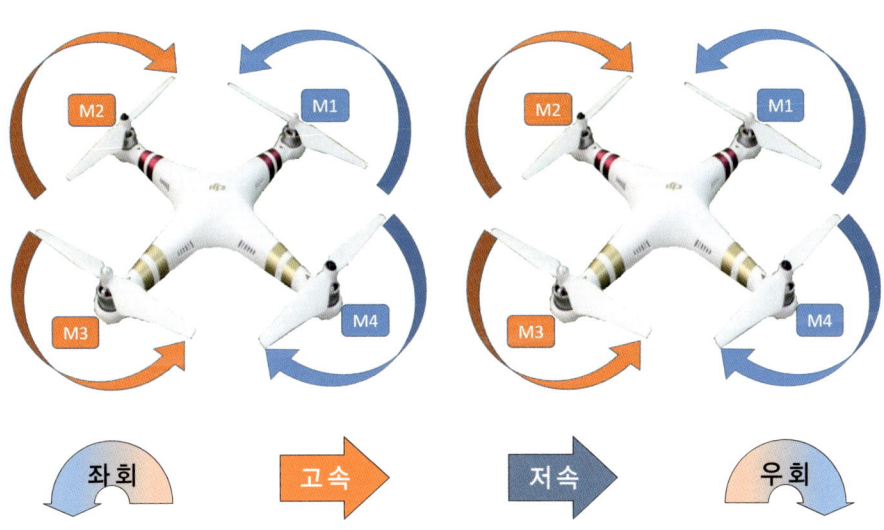

▲ 좌 / 우 회전 비행

6) 안전성 검사, 비행 계획 승인

(1) 안전성 검사

① 기체의 중량 또는 최대 이륙 중량이 25kg을 초과하는 무인비행장치는 항공안전기술원을 통해 안전성 인증 검사를 받아야 한다.

② 안전 검사의 유효기간은 1년이다.(비사업용 : 2년)

③ 초경량비행장치를 비행할 경우에 조종자는 비행 안전을 위한 기술상의 기준에 적합하다는 인증을 받아야 하며 25kg 이하 면제 대상 기체인 경우에는 해당하지 않는다.

(2) 비행 계획 승인

① 최대 이륙 중량 25kg 이하 기체는 비행 금지 구역과 관제권을 제외한 공역에서 비행 승인 없이 150m 이하의 고도에서 비행할 수 있다.

② 최대 이륙 중량 25kg을 초과하는 기체는 모든 공역에서 사전에 비행 승인을 받아야 한다.

③ 관제권, 비행 금지 구역에서 비행을 하고자 할 때는 이륙 중량과 관계없이 관계 기관의 승인을 받아야 한다.

구분	비행 제한 구역 (R-75)	비행 금지 구역 (P-73A, B)	관제권 민간 (9.3Km)	관제권 군 (9.3Km)	그 밖의 지역 (150m 이하)	그 밖의 지역 (150m 이상)
비행 승인 (국토부)	×	×	○	×	×	○
비행 허가 (국방부)	○	○	×	○	×	×
촬영 허가 (국방부)	○	○	○	○	○	○
공통 사항	1. 최대 이륙 중량 25kg 이하의 기체에만 적용됨(25kg 초과하는 기체는 모든 공역에서 허가(승인) 필요) 2. 공역이 2개 이상 겹칠 경우 각각의 기관 허가(승인)를 모두 받아야 함					

2. 조종자에 관한 사항

1) 초경량비행장치 조종자

(1) 초경량비행장치 조종자는 법 제129조 제1항에 따라 다음 각호의 어느 하나에 해당하는 행위를 해서는 아니 된다. 다만, 무인비행장치의 조종자에 대하여는 제4호 또는 제5호를 적용하지 아니한다.

① 인명이나 재산에 위험을 초래할 우려가 있는 낙하물을 투하(投下)하는 행위

② 인구가 밀집된 지역이나 그 밖에 사람이 많이 모인 장소의 상공에서 인명 또는 재산에 위험을 초래할 우려가 있는 방법으로 비행하는 행위

③ 법 제78조 제1항에 따른 관제 공역·통제 공역·주의 공역에서 비행하는 행위. 다만, 법 제127조에 따라 비행 승인을 받은 경우와 다음 각 목의 행위는 제외한다.

가. 군사 목적으로 사용되는 초경량비행장치 를 비행하는 행위

나. 다음의 어느 하나에 해당하는 비행장치를 별표 23 제2호에 따른 관제권 또는 비행 금지 구역이 아닌 곳에서 제199조 제1호 나 목에 따른 최저 비행 고도(150m) 미만의 고도에서 비행하는 행위

- 무인 비행기, 무인 헬리콥터 또는 무인멀티콥터 중 최대 이륙 중량이 25kg 이하인 것
- 무인 비행선 중 연료의 무게를 제외한 자체 무게가 12kg 이하이고, 길이가 7m 이하인 것

④ 안개 등으로 인하여 지상 목표물을 육안으로 식별할 수 없는 상태에서 비행하는 행위

⑤ 별표 24에 따른 비행 시정 및 구름으로부터의 거리 기준을 위반하여 비행하는 행위

⑥ 일몰 후부터 일출 전까지의 야간에 비행하는 행위. 다만, 제199조 제1호 나목에 따른 최저 비행 고도(150m) 미만의 고도에서 운영하는 계류식 기구 또는 법 제124조 전단에 따른 허가를 받아 비행하는 초경량비행장치 는 제외한다.

⑦ 「주세법」 제3조 제1호에 따른 주류, 「마약류 관리에 관한 법률」 제2조 제1호에 따른 마약류 또는 「화학물질관리법」 제22조 제1항에 따른 환각물질 등(이하 "주류 등"이라 한다)의 영향으로 조종 업무를 정상적으로 수행할 수 없는 상태에서 조종하는 행위 또는 비행 중 주류 등을 섭취하거나 사용하는 행위

⑧ 그밖에 비정상적인 방법으로 비행하는 행위

(2) 초경량비행장치 조종자는 항공기 또는 경량 항공기를 육안으로 식별하여 미리 피할 수 있도록 주의하여 비행하여야 한다.

(3) 동력을 이용하는 초경량비행장치 조종자는 모든 항공기, 경량 항공기 및 동력을 이용하지 아니하는 초경량비행장치에 대하여 진로를 양보하여야 한다.

(4) 무인비행장치 조종자는 해당 무인비행장치를 육안으로 확인할 수 있는 범위에서 조종하여야 한다. 다만, 법 제124조 전단에 따른 허가를 받아 비행하는 경우는 제외한다.

3. 공역 및 비행장에 관한 사항

1) 비행 금지 구역

안전, 국방상 그 밖의 이유로 항공기의 비행을 금지하는 공역

P-73A	청와대 인근(중심으로부터 2NM(해리) / 약 3,700m)
P-73B	청와대 인근(중심으로부터 4.5NM / 약 8,330m)
P-518	휴전선 부근
원전 지역	중심으로부터 18.6Km까지 P-61 고리(기장), P-62 월성(경주), P-63 한빛(영광), P-64 한울(울진), P-65 원자력 연구소(대전)

2) 비행 제한 공역

항공 사격, 대공 사격 등으로 인한 위험으로부터 항공기의 안전을 보호하거나 그 밖의 이유로 비행 허가를 받지 아니한 항공기의 비행을 제한하는 공역
- R-75 : 서울의 비행 제한 구역으로 허가받지 않은 항공기의 비행을 제한하는 공역

3) 관제 공역

항공 교통의 안전을 위하여 항공기의 비행 순서·시기 및 방법 등에 관하여 국토교통부 장관의 지시를 받아야 할 필요가 있는 공역, 관제권 및 관제구를 포함하는 공역으로 관제탑을 기준으로 9.3Km 반경의 구역

4) 허용 고도 / 허용 거리

허용 고도	150m 이내로서 관제권, 비행 제한 구역, 비행 금지 구역에서는 비행이 금지된다.
허용 거리	조종자가 비행장치의 전, 후, 좌, 우를 육안으로 확인할 수 있는 거리

※ 비행 금지 구역의 구분
- P : Prohibited, 비행 금지 구역, 미확인 시 경고 사격 및 경고 없이 사격 가능
- R : Restricted, 비행 제한 구역, 지대지 · 지대공 · 공대지 공격 가능
- D : Danger, 비행 위험 구역, 실탄 배치
- A : Alert, 비행 정보 구역

4. 기상에 관한 사항

1) 기상 요소

(1) **기상의 7대 요소** : 강수, 구름, 기압, 기온, 바람, 습도, 시정

(2) 악천후(비, 눈, 우박, 태풍, 천둥, 번개) 시 비행을 금지하며, 방제용 멀티콥터는 풍속 5m / s 이하에서 비행해야 한다.

2) 우리나라의 계절풍과 기단

(1) **봄 / 가을-양쯔강 기단**(대륙성 열대 기단) : 주로 봄에 황사를 일으키고 태풍과 함께 한반도로 이동한다.

(2) **늦봄 / 초여름-오호츠크해 기단**(해양성 한대 기단) : 여름철 장마전선을 형성한다.

(3) **여름-북태평양 기단**

(해양성 열대 기단) : 찜통 더위와 적운형 구름이 특징이다. 뇌우와 소나기를 동반해 많은 비를 내린다.

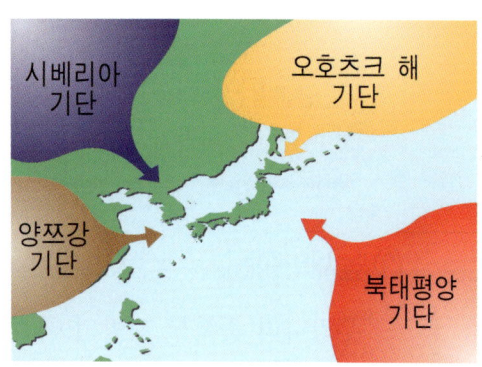

(4) **겨울-시베리아 기단**(대륙성 한대 기단) : 소한 · 대한에 찾아오며 매우 차갑고, 건조하다. 추운 정도를 결정하며 맑은 날씨를 보인다.

3) 대류 현상과 바람 / 국지풍

지구에 도달한 태양 복사 에너지가 지표면의 에너지 흡수력에 따라 다르게 흡수되고, 육지와 해수면의 온도 차에 의해 기압의 차이가 발생하여 대류 현상과 바람이 불게 된다. 우리나라의 대표적인 국지풍은 아래와 같다.

(1) **해륙풍**(Land And Sea Breeze)

- **해풍** : 낮에 태양 복사열의 기열 속도 차에 의해 기압 경도력이 발생하는데 육지의 가열이 높아지면 기압이 낮아져 해풍이 발생한다.
- **육풍** : 야간에는 지표면과 해수면의 복사 냉각 차에 의해 육지가 먼저 식게 되므로 육지의 기압이 높아져 내륙으로부터 바다를 향해 육풍이 발생한다.

(2) 산곡풍(산들바람)

- **산바람** (Mountain Breeze) : 밤에 산꼭대기로부터 골짜기를 향해서 불어내리는 바람이다.
- **골바람** (Valley Breeze) : 낮에 골짜기로부터 산꼭대기를 향해서 부는 골짜기 바람이다.

(3) 높새바람(Foehn - 푄 현상 / 푀엔 현상 / 휀 현상)

우리나라 중북부 지방의 국지풍으로 북동풍이다. 높새바람은 높바람과 샛바람의 합성어로 순우리말로 '북동풍'이라는 뜻이다.

- 오호츠크해 고기압이 남서쪽으로 확장하여 동해상에 머물 때 이 고기압대에서 출발한 바람이 태백산맥을 만나 상승하면서 수증기가 응결된다. 그럼으로써 비나 눈이 내리고 산맥을 넘어 서쪽으로 불어갈 때 건조해진 공기는 비열이 낮아져 고온 건조한 바람이 된다.
- 높새바람은 경기도, 충청도, 황해도의 늦봄과 여름철에 영향을 준다.
- 높새바람은 꽃이나 이삭을 고온 건조시켜 수정에 장해를 주기 때문에 살곡풍(殺穀風)이라고 부르기도 한다.
- 푄 현상이 발생하면 태백산 서편은 고온 건조하게 되나 동해안은 기온이 낮아져 냉해의 우려가 있다.
- 동해에서 온난다습한 공기가 태백산맥을 타고 오를 때 100m마다 기온이 0.6℃씩 낮아지고, 영서 지방으로 내려오면서 100m마다 기온이 1℃씩 높아진다.

4) 천둥 / 뇌우 / 비 / 구름

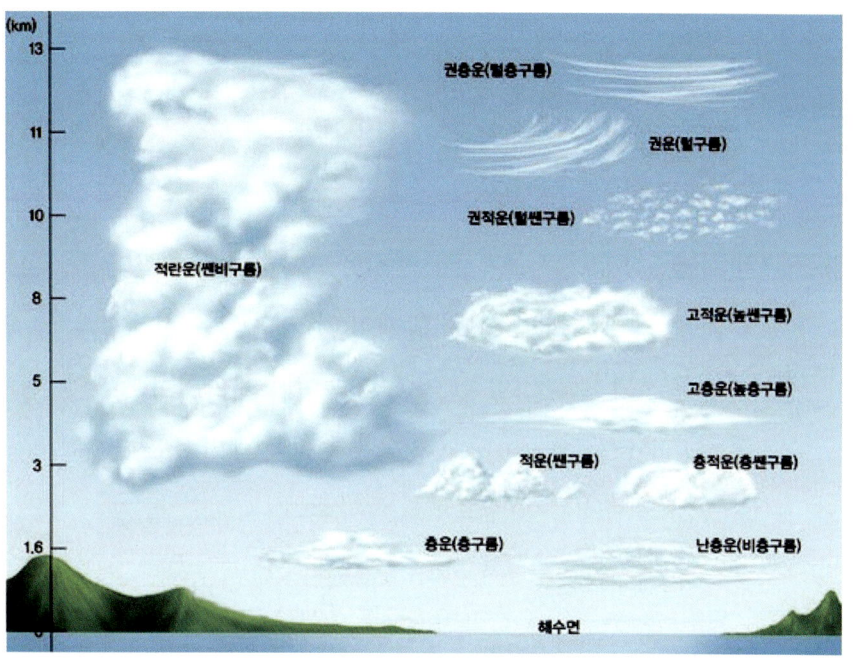

(1) **난층운**(Nimbostratus / Ns) : 하층에서 상층운까지 펼쳐지는 대표적인 비구름으로 대부분은 하층운이다. 색상은 회색이며 구름의 양이 매우 많은 편이다.

(2) **적란운**(Cumulonimbus / C / b) : 거대하게 부푼 흰색에서 검은색의 다양한 형태로 천둥·번개를 동반한다.

5) 여름과 겨울의 기온과 양력 / 비행 조건의 차이

(1) **여름**

여름철에는 낮은 양력 발생으로 인해 더 많은 동력을 사용해야 필요한 양력을 발생시킬 수 있다. 이로 인해 모터와 변속기 등에 더 많은 부하를 발생시켜 과열로 인한 고장을 일으키기 쉽고 겨울철보다 약 20% 정도 적은 양을 적재해야만 정상적인 비행 임무를 수행할 수 있다.

덥다 ⇒ 공기 온도 높음 ⇒ 공기 밀도 낮음 ⇒ 양력 발생 적음 ⇒ 에너지 효율 낮음

(2) 겨울

겨울철이 여름보다 양력 발생이 많아 더 많은 적재를 할 수 있어 효율이 좋아진다. 다만 낮은 온도로 인한 배터리의 성능 저하가 발생하지 않도록 배터리의 온도를 적정하게 유지하는 것이 중요하다.

춥다 ⇒ 공기 온도 낮음 ⇒ 공기 밀도 높음 ⇒ 양력 발생 많음 ⇒ 에너지 효율 높음

계절	공기 온도	공기 밀도	양력 발생	에너지 효율	배터리 효율
여름	높음	낮음	적음	낮음	높음
겨울	낮음	높음	많음	높음	낮음

5. 일반 지식 및 비상 절차에 관한 사항

1) 비상 절차

(1) 비상 상황 발생 시 먼저 주위의 사람들에게 비상 상황임을 큰소리로 외친다.

(2) 비행장치를 안전한 곳에 신속히 착륙 또는 추락시킨다.

(3) 기체 점검 및 수리를 진행한다.

2) 비행 우선권(충돌 예방 / 회피 기동)

> 동력을 이용하는 초경량비행장치 조종자는 모든 항공기, 경량 항공기 및 동력을 이용하지 아니하는 초경량비행장치에 대하여 진로를 양보해야 한다.

3) NOTAM

(1) **NOTAM**(Notice To Airman / 항공 고시보) : 조종사를 포함한 항공 종사자들이 적시에 알아야 할 적절한 내용이 담겨 있다. 공항 시설, 항공 업무, 각종 절차 및 비행 금지 구역 등의 설정에 관한 정보가 들었다. 전자 공고문 형식으로 국내·외에 4주 간격으로 배포되며 유효기간은 3개월이다.

(2) **AIP**(Aeronautical Information Publication / 항공 정보 간행물) : 한글과 영어로 된 단행본으로 발간된다. 국내에서 운항하는 모든 민간 항공기의 능률적이고 안전한 운항을 위한 영구성 있는 항공 정보를 수록하였다.

(3) **AIC**(Aeronautical Information Circular / 항공 정보 회람) : AIP나 NOTAM으로 전파하기 어려운 행정 사항을 담은 항공 정보를 제공한다.

> - 법령, 규정, 절차 및 시설 등 주요한 변경이 장기간 예상되는 경우 또는 비행기 안전에 영향을 미치는 사항
> - 기술, 법령 또는 행정 사항에 관련된 설명과 조언
> - 매년 새로운 일련 번호를 부여하며 최근 대조표는 연 1회 발행

(4) **AIRAC**(Aeronautical Information Regulation And Control / 항공 정보 관리 절차) : 운영 방식에 대한 변경을 필요로 하는 사항을 발효 일자를 기준으로 사전 통보하는 것이다.

6. 이륙 중 엔진 고장 및 이륙 포기

이륙 중 엔진의 고장이나 비정상 상황 발생 시에는 이륙을 포기하고 신속히 기체를 착륙하여 점검한다.

7. 기타

1) 멀티콥터 호버링 시 작용하는 힘 : 양력 = 중력

2) 비행체에 작용하는 4가지 힘 : 추력 ⇔ 항력, 중력 ⇔ 양력

3) 비행 시 필수적으로 휴대해야 하는 것 : 조종자 증명(자격증), 비행 승인(허가)서, 안전성 인증서, 비행 기록부

4) 헬리콥터와 멀티콥터의 구분 : 헬리콥터는 로터의 개수가 1~2개로 날개의 깃각을 변화시켜 비행하는 방식이며 가변 피치 로터라 부르는 것을 가지고 양력을 얻는다. 멀티콥터는 개수가 3개 이상인 다수의 로터를 가지고 회전 속도 제어에 의한 방식으로 양력을 얻는 것으로 고정 피치 방식의 구조이다.

5) RTH / Fail Safe 기능
  (1) RTH(Return To Home) : 현재 비행하던 장소에서 지정된 장소 또는 최종 이륙 장소로 돌아와 착륙하는 기능
  (2) Fail Safe : Radio Link(송/수신기)의 연결이 끊어진 경우 일정 시간 후 연결이 재개되지 않으면 최종 이륙 장소로 돌아와 착륙하는 기능

6) 사고 발생 시 신고해야 하는 곳 : 철도항공 사고조사위원회, 119, 지방항공청

7) 관련기관

(1) **자격시험 기관** : 한국교통안전공단

(2) **기체의 등록** : 민원24 (http://www.minwon.go.kr/)

(3) **사용사업등록** : 서울 / 부산 / 제주 지방항공청

(4) **안전성 인증 검사기관** : 항공안전기술원

8) 각종 과태료 관련 규정

위반 행위	근거 법 조항	과태료 금액(단위 : 만 원)		
		1차 위반	2차 위반	3차 이상 위반
신고 번호 미표기, 허위 표기	166조 4항 4호	10	50	100
말소 신고를 하지 않은 경우	166조 6항 1호	5	15	30
안전성 인증 검사를 받지 않고 비행	166조 1항 10호	50	250	500
조종자 증명을 받지 않고 비행	166조 2항 3호	30	150	300
비행 승인을 받지 않고 비행	166조 3항 9호	20	100	200
국토부령으로 정하는 장비를 장착 또는 휴대하지 않고 비행	166조 4항 5호	10	50	100
소송자 준수사항을 따르지 않고 비행	166조 3항 8호	20	100	200
사고 보고를 하지 않거나 허위 보고	166조 6항 2호	5	15	30
국토부 장관이 승인한 범위 외 비행	166조 3항 10호	20	100	200

9) 모터 규격에 대한 이해

예를 들어 모터의 규격이 6015-200kv일 경우 그 뜻은 다음과 같다.

앞 두 자리	뒤 두 자리	-	분당 회전수(RPM) / 1V
6 0	1 5	-	200kV
지름 60mm	높이 15mm	-	22.2V×200 = 4,440RPM(최대) 변속 가능 범위는 0~4,400 / 분, 0~74 / 초

※ RPM(Revolutions per Minute / 분당 회전수)

10) 항공기의 3축 운동과 안정성

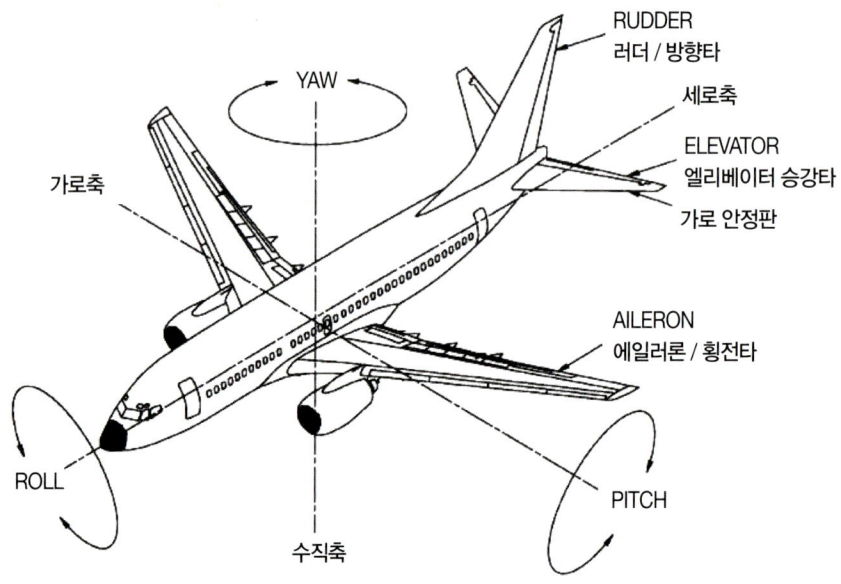

(1) 3축 운동

① **피칭**(Pitching) : 항공기의 가로축(Lateral Axis)을 중심으로 하는 기수의 상하 운동으로 종요라고도 한다. 가로 안정판(Elevator / 엘리베이터 / 승강타)에 의해 조종된다.

② **롤링**(Rolling) : 항공기의 세로축(Longitudinal Axis)을 중심으로 좌우로 회전하려는 운동이다. 도움날개(Aileron / 에일러론 / 횡전타 / 보조익)에 의해 조종된다.

③ **요잉**(Yawing) : 항공기의 수직축(Vertical Axis)을 중심으로 기수가 좌우 운동을 하는 것으로 편요라고도 한다. 수직 안정판(Rudder / 러더 / 방향타)에 의해 조종된다.

(2) 안정성

가로, 세로, 수직축의 운동과 안정성의 관계

축 방향	가로축(Y) Longitudinal Axis	세로축(X) Lateral Axis	수직축(Z) Vertical Axis
자세			
운동	Pitching(피칭)	Rolling(롤링)	Yawing(요잉)
안정성	세로 안정 Longitudinal stability	가로 안정 Lateral stability	수직 안정 Vertical stability

항공기의 안정성은 무게중심(CG)에 대하여 교차하는 X, Y, Z 세 축에 대한 각각의 안정성으로 세로, 가로, 방향 안정성이라 부른다.

11) 각 지방항공청의 관할 지역

(1) **서울지방항공청** : 서울, 인천, 세종, 대전, 경기, 강원, 충남, 충북, 전북

(2) **부산지방항공청** : 부산, 대구, 울산, 광주, 경남, 경북, 전남

(3) **제주지방항공청** : 제주

12) 신고번호의 의미(예 : S7800S)

(1) **앞의 S** : 초경량비행장치

(2) **7800번** : 7001~7999까지 무인비행장치
(무인 헬리콥터, 무인멀티콥터, 무인 비행기)

(3) **뒤의 S** : 지역 식별번호 서울지방항공청(A~R), 부산지방항공청(S~X), 제주지방항공청(Y~Z)을 부여하고 A~Z 까지 한 기호씩 소진되면 다음 기호로 넘어감

S	7	800	S
초경량 비행장치	무인동력비행장치 - 무인비행기 - 무인헬리콥터 - 무인멀티콥터	부여 일련번호	부산지방항공청 식별번호
		001-999	각 항공청별 번호를 부여하고, 999까지 부여하면 다음의 식별번호로 변경됨 S7999S 다음은 S7001T 서울지방항공청 A~R 부산지방항공청 S~X 제주지방항공청 Y~Z

● 초경량비행장치의 신고번호 부여방법

구분			신고번호
초경량비행장치	동력비행장치	체중이동형	S1001✂ ~ S1999✂
		타면조종형	S2001✂ ~ S2999✂
	회전익비행장치	초경량자이로플레인	S3001✂ ~ S3999✂
	동력패러글라이더		S4001✂ ~ S4999✂
	기구류		S5001✂ ~ S5999✂
	회전익비행장치	초경량헬리콥터	S6001✂ ~ S6999✂
	무인비행장치	무인동력비행장치	무인비행기	S7001✂ ~ S7999✂
			무인헬리콥터	
			무인멀티콥터	
		무인비행선	S8001✂ ~ S8999✂
	기타 초경량비행장치류 (패러글라이더, 행글라이더, 낙하산 등)		S9001✂ ~ S9999✂

※ 초경량비행장치 종류별 신고번호(S1001~S9999)의 마지막 자리 숫자 다음에 A~Z까지의 알파벳을 각 지방항공청의 식별번호로 부여한다.(예 : S7800S / 부산, S7800A / 서울, S7800Y / 제주

✂ 표는 위치에 부여되는 각 지방항공청별 식별번호 범위 : 서울 A~R, 부산 S~X, 제주 Y~Z

13) FC LED 시그널 이해

▶ FC LED 상태 표시(컬러 및 점등, 점멸)

● -∞	1회 깜빡임이 무한 반복	●●●-∞	3색으로 변하며 무한 반복
▬	1회 연속 점등	*	지원하지 않음

분류	내용	A3-AG	A3	A2	N3	NAZA-V2
비행 모드	GPS 비행	●-∞	●-∞	●-∞	●-∞	●-∞
	자세 모드	●-∞	●-∞	●-∞	●-∞	●-∞
	수동 모드	*	●-∞	*	●●-∞	*
경고	위성 5 이하	●●●	●●●	●●●	*	●●●
	위성 6 이하	●●	*	●●	*	●●
	위성 7 이하	●	*	●	*	●
	신호 두절	● ∞	●-∞	●-∞	●-∞	●-∞
	시스템 진단	●●●-∞	●●●-∞	*	●●●-∞	*
	IMU 에러	●●●●	-∞	●●●●	*	●●
	자세 불량	○○○	*	○○○	●●-∞	*
	1차 저전압	●-S-∞	●-∞	●-∞	●-∞	*
	2차 저전압	●-F-∞	●-∞	●-∞	●-∞	*
COMPASS & CALI	수평 보정 시작	▬	▬	▬	▬	▬
	수직 보정 시작	▬	▬	▬	▬	▬
	캘리 완료	▭	▭	▭	▭	*
	캘리 오류	●	▬	●	▬	●

03 구술시험 기출 사례

1. 기체에 관한 사항

Q. FC에 대해 설명하시오.

A. Flight Controller는 비행 제어 장치이다. 정확히 말하면 수신기로부터 받아들인 신호와 관성 측정 장치 및 GPS 신호를 포함한 비행 보조 신호를 조합하여, 조종자가 원하는 비행이 가능하도록 변속기에 유효한 신호를 보내주는 장치를 뜻한다.
FC의 보조 장비로는 IMU(Inertial Measurement Unit / 관성 측정 장치)로 대변되는 Gyro(회전 속도 검출 장치), Accelerator(가속도 검출 장치), Barometer(기압계) 및 GPS(위성 항법 장치), Compass(나침반 / 지자기), Radio 수신기, 전원 분배기 등이 있다.
일반적으로는 이 모든 장치를 통틀어 FC라 부른다.

Q. 관성 측정 장치에 대해 설명하시오.

A. IMU(Inertial Measurement Unit / 관성 측정 장치)로 내부에는 3가지의 장비를 탑재하고 있다.
- Gyro(회전 속도 검출 장치) : 원하지 않는 회전을 검출하여 Yaw / Pitch / Roll 3축 방향으로 돌아가지 않도록 수평을 유지하고 방향을 보정한다.
- Accelerator(가속도 검출 장치) : 전 / 후 / 좌 / 우 흐름을 차단하고, 조종자가 이동하도록 제어한 속도를 유지하는지 검출하여 보정한다.
- Barometer(기압계) : 연속적인 기압의 변화를 읽어 원하지 않는 고도의 상승 / 하강을 보정한다.

Q. 멀티콥터의 주파수에 대해 설명하시오.

A. 2.4~2.483GHz

Q. 기체의 방향을 잡아주는 장치에 대해 설명하시오.

A. Compass(전자 나침반 / 지자기 센서)

Q. 기체의 자세를 잡아주는 장치의 이름에 대해 설명하시오.

A. Gyro(회전 속도 검출 장치)는 비행체의 3축[X : 세로축 운동(Rolling), Y : 가로축 운동(Pitching), Z : 수직축 운동(Yawing)]의 회전 상태를 실시간으로 검출하여 기체의 앞 / 뒤(Pitching), 좌 / 우(Rolling), 좌회 / 우회(Yawing) 모든 방향으로의 기울어짐을 정상화하여 자세(Attitude)를 제어하는 장치이다.

Q. 기체의 위치를 잡아주는 장치의 이름에 대해 설명하시오.

A. GPS(Global Positioning System) 또는 GLONASS(Global Navigation Satellite System)

Q. 멀티콥터의 Compass가 사용하는 북쪽의 종류에 대해 설명하시오.

A. 1. 자북 : 나침반이 가리키는 북쪽(드론에서 이용)

2. 도북 : 지도상의 북쪽

3. 진북 : 실제 북쪽(북극성 방향)

※ 지자기는 대부분의 지역에서 진북을 정면으로 보았을 때 왼쪽(서쪽)으로 약 8° 편향된다.

Q. 방제용 멀티콥터 배터리의 정격 전압, 만충 전압에 대해 설명하시오.

A. 1Cell당 3.7V×6Cell = 22.2V이며 만충 전압은 4.2V×6Cell = 25.2V이다.

Q. 로터에 24×7.5라고 적혀있다면 로터의 규격과 그 숫자의 의미에 대해 설명하시오.

A. 로터의 규격은 직경×피치(Pitch)로 표시하고 그 단위는 inch를 쓰므로 로터의 직경이 24inch이고, 1회전 시 (이론상) 전진하는 거리(Pitch)가 7.5inch이다.

Q. 기체의 자체 중량 / 적재량 / 최대 이륙 중량에 대해 설명하시오.

A.
- 자체 중량 : 배터리를 포함(연료는 제외) 비행에 필요한 장치 전체의 무게를 말한다.
- 적재량 : 기체가 실을 수 있는 양이다. 일반적으로 멀티콥터의 적재량은 대부분 10L(10kg)이다.
- 최대 이륙 중량 : 자체 중량 + 적재량. CERES10의 경우 12.3kg + 10kg = 22.3kg 이 된다.

Q. 모터의 규격과 KV에 대해 설명하시오.

A. 모터의 규격이 만약 6015-200kv라면 그 의미는 아래와 같다.

앞 두 자리	뒤 두 자리	-	분당 회전수(RPM) / 1V
60	**15**	-	**200kV**
지름 60mm	높이 15mm	-	22.2V×200 = 4,440RPM(최대)

2. 항공 법규에 관한 사항

Q. 비행장치의 안전성 인증 기관에 대해 설명해 보시오.

A. 항공안전기술원(2017년 11월까지는 한국교통안전공단에서 실시하였다.)

Q. 신고 번호 S7800S의 구조에 대해 설명해 보시오.

A.
1. 앞의 S : 초경량비행장치
2. 7800 : 7001~7999까지 무인비행장치(무인 헬리콥터, 무인멀티콥터, 무인 비행기)
3. 뒤의 S : 지역 식별번호로 서울지방항공청(A~R), 부산지방항공청(S~X), 제주지방항공청(Y~Z)를 사용하며, 각 항공청별로 앞 알파벳부터 7999번 다음번호에 7001+ 다음 알파벳으로 넘어간다.
   예) 부산지방항공청의 S7999S의 다음 번호는 S7001T가 된다.
4. S7800S : 초경량비행장치 중 부산지방항공청에 등록된 무인동력비행장치로 고유번호는 7800S이다.

Q. 각 지방항공청의 관할 지역에 대해 설명해 보시오.(광역시 / 도 단위)

A.
1. 서울지방항공청 : 서울, 인천, 경기, 세종, 대전, 충남, 충북, 전북, 강원
2. 부산지방항공청 : 부산, 울산, 대구, 광주, 경남, 경북, 전남
3. 제주지방항공청 : 제주

Q. NOTAM에 대해 설명해 보시오.

A. NOTAM(Notice To Airman / 항공 고시보)에는 조종사를 포함한 항공 종사자들이 적시에 알아야 할 적절한 내용이 담겨 있다. 공항 시설, 항공 업무, 각종 절차 및 비행 금지 구역 등의 설정에 관한 정보가 들었다. 전자 공고문 형식으로 국내·외에 4주 간격으로 배포되며 유효기간은 3개월이다.

안전성 인증 검사의 종류에 대해 설명해 보시오.

안전성 인증 검사의 종류

초도검사	비행장치의 설계 및 제작 후 최초로 안전성 인증을 받기 위해 실시하는 검사
정기검사	초도검사 이후 안전성 인증서의 유효기간이 도래하여 새로운 안전성 인증서를 교부받기 위해 실시하는 검사
수시검사	비행장치의 비행 안전에 영향을 미치는 엔진 및 부품의 교체나 수리, 개조 후 비행장치의 안전 기준에 적합한지를 확인하기 위해 실시하는 검사
재검사	정기검사 또는 수시검사에서 불합격 처분을 받은 항목에 대해 보완, 수정 후 실시하는 검사

P73, R75, P518, P61~65에 대해 설명해 보시오.

1. P73은 서울의 비행 금지 구역으로 청와대 주변 2NM(마일 / 약 3.2Km) 범위는 A 구역, 외곽 4.5NM(약 7.2Km) 범위는 B 구역으로 구분된다.
2. R75는 서울 지역 비행 제한 구역으로서 P73 외의 외곽 구역으로 설정된다.
3. P518은 휴전선 부근 지역으로 UN, 한미연합사령부, 주한미군 및 미 8군의 전술 지대로 지정된 비행 금지 구역이다.
4. P-61(기장-고리), P-62(경주-월성), P-63(영광-한빛), P-64(울진-한울), P-65(대전-원자력연구소)

조종자 준수사항에 대해 설명해 보시오.

(1) 금지하는 행위
　① 비행 중 낙하물 투하 금지(인명 / 재산 위험 초래 우려가 있는 낙하물)
　② 인구 밀집 지역이나 사람이 많이 모인 곳, 상공에서 인명 / 재산에 위험을 초래할 수 있는 비행 금지

③ 환각 물질 / 주류 섭취 금지(혈중알코올농도 0.02%)
④ 안개 등 지상 목표물을 육안으로 확인할 수 없는 상황에서 비행 금지
⑤ 일몰 후, 일출 전 비행 금지(시민박명 시간 포함 / 일출 전후 30분간)
⑥ 비행 금지 구역, 제한 구역, 관제권, 통제 구역, 주의 구역에서 비행 금지(허가를 받은 경우는 예외) - P73(서울 강북), P518(휴전선 지역), P61~65(원자력 발전소 지역 / 반경18.6Km), 공항 관제권(반경 9.3Km)
⑦ 비행 시정 거리를 초과(비시계 비행 / 계기 비행)하여 눈으로 기체를 확인할 수 없는 거리에서 비행 금지
⑧ 초경량비행장치 비행 제한 고도(150m / 500ft AGL)를 넘어서 비행 금지
⑨ 그 외에 비정상적인 방법으로 비행하는 행위 금지

(2) 안전을 위한 행위
① 항공기나 경량 항공기를 눈으로 식별하고 미리 피할 수 있도록 주의해야 한다.
② 모든 항공기, 경량 항공기, 동력을 이용하지 않는 항공기에 진로를 양보해야 한다.

Q. 조종자 준수사항을 위반한 경우의 과태료에 대해 설명해 보시오.

위반 차수	1차	2차	3차 이상
금액	20만 원	100만 원	200만 원

Q. 항공 종사자의 음주운전 단속 규정에 대해 설명해 보시오.
A. 혈중알코올농도 0.02%, 3천만 원 이하의 벌금 또는 3년 이하의 징역

Q. 초경량 무인비행장치의 무게 기준 자격 요건과 안전성 인증에 대해 설명해 보시오.

A.

구분	자체 중량 12kg 이하, 최대 이륙 중량 25kg 이하	자체 중량 12kg 초과, 최대 이륙 중량 25kg 이하	자체 중량 25kg 초과, 최대 이륙 중량 150kg 이하
사업용	자격 불필요 *주1)	자격 필요	자격 필요
비사업용	자격 불필요	자격 불필요	자격 필요
안전성 검사	인증 불필요	인증 불필요	인증 필요

*주1) 조종자는 자격증이 필요 없으나 사업주는 자격증 필요(초경량비행장치 사용 사업 등록 조건임)

Q. 비행 금지 구역과 비행 제한 구역의 승인 기관에 대해 설명해 보시오.

A.

비행 금지 구역			비행 제한 구역	
위치		승인 기관	위치	승인 기관
P-73 A(청와대) / B(서울 중심)		수도방위 사령부	R-75(서울 외곽)	지방항공청
P-518(휴전선 지역)		합동참모본부		
P-61~65 (원전 부근)	A 구역 (3.7Km까지)	합동참모본부	군 / 민간 비행장 관제권	지방항공청
	B 구역 (3.7Km~18.6Km)	지방항공청		

3. 비행 원리에 관한 사항

Q. 비행장치에 작용하는 4가지 힘에 대해 설명해 보시오.

A.
1. 양력 : 상대풍에 대하여 수직으로 위쪽을 향해 작용하는 힘이며 부양력이라 부르기도 한다.
2. 중력 : 만유인력의 법칙에 의해 지구 중심으로 당겨지는 힘으로 무게, 중량이라 부르기도 한다.
3. 추력 : 항공기를 앞으로 나가도록 후방으로 밀어내는 힘이다.
4. 항력 : 추력의 반대 방향으로 작용하며 진행을 방해하는 모든 힘을 말한다. 형상, 유도, 유해 항력이 있다.
   ① 서로 반대되는 힘 : 양력 ⇔ 중력, 추력 ⇔ 항력
   ② 힘이 서로 같을 때 : 양력 = 중력, 추력 = 항력, 비행기 / 등가속도 비행, 멀티콥터 / 호버링(정지 비행)

Q. 항공기의 3축과 운동에 대해 설명해 보시오.

A.
1. 세로축(Longitudinal Axis) - X축 : 항공기의 기수에서 무게 중심을 통과하여 꼬리 끝까지 연결하는 가상의 축이다. 세로축을 중심으로 좌우로 회전하려는 운동을 롤링(Rolling)이라 하며 도움날개(Aileron / 에일러론 / 횡전타 / 보조익)에 의해 조종된다.
2. 가로축(Lateral Axis) - Y축 : 항공기의 무게 중심을 통과하여 좌우측 날개의 끝 방향으로 연결하는 가상의 축이다. 가로축을 중심으로 항공기는 기수의 상하 운동을 하는데 이를 종요 또는 피칭(Pitching)이라 하며 가로 안정판(Elevator / 엘리베이터 / 승강타)에 의해 조종된다.
3. 수직축(Vertical Axis) - Z축 : 항공기의 위아래로 무게 중심을 통과하는 축이다. 수직축을 중심으로 기수가 좌우 운동을 하는 것을 편요(Yaw) 또는 요잉(Yawing)이라 하며 수직 안정판(Rudder / 러더 / 방향타)에 의해 조종된다.

Q. 멀티콥터의 Pitch(전후진), Roll(좌우 이동) 시 로터의 회전 속도 변화에 대해 설명해 보시오.

A. 1. 전진 / 후진 : 전진 - M3, M4 회전수 증가 / 후진 - M1, M2 회전수 증가

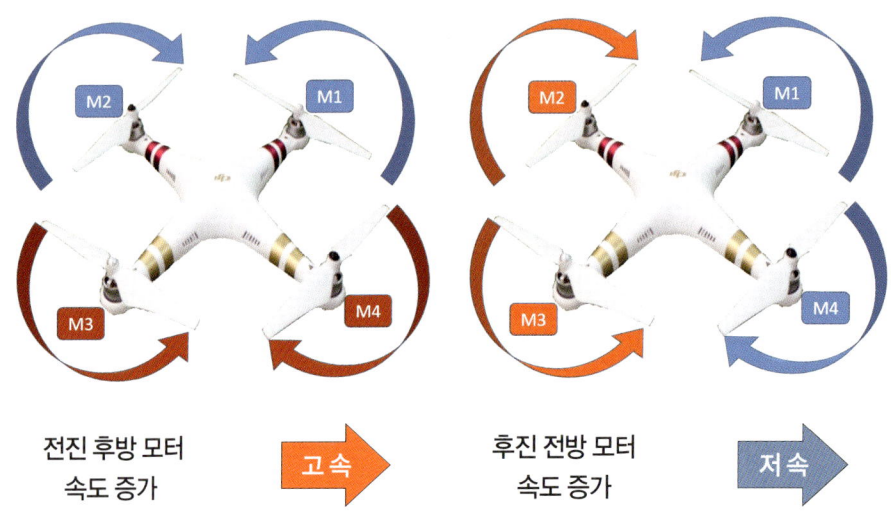

전진 후방 모터 속도 증가 → 고속

후진 전방 모터 속도 증가 → 저속

2. 좌 / 우 이동 : 좌로 이동 - M1, M4 회전수 증가 / 우로 이동 - M2, M3 회전수 증가

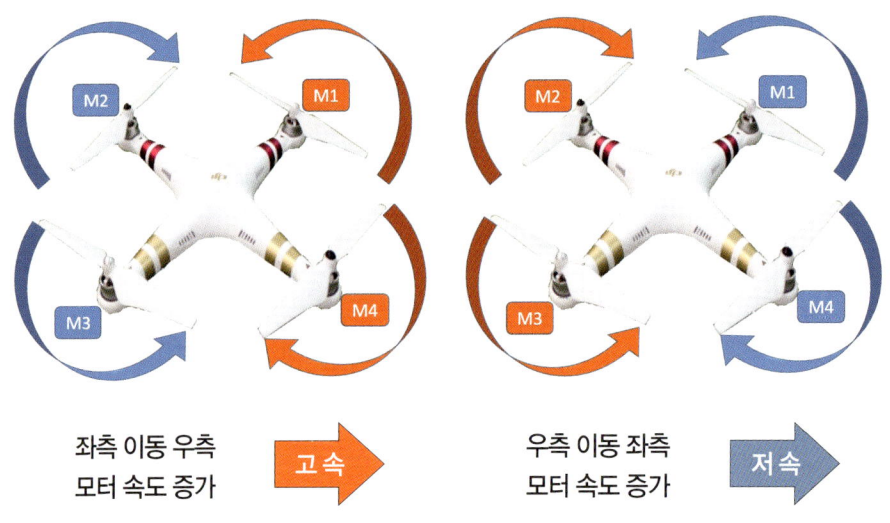

좌측 이동 우측 모터 속도 증가 → 고속

우측 이동 좌측 모터 속도 증가 → 저속

chapter 01 구술시험

Q. 멀티콥터의 Yawing(회전) 시 로터의 회전 속도 변화와 반토크에 대해 설명해 보시오.

A. 1. 좌 / 우 회전 : 좌회전 - M2, M4 증가 M1, M3 감소 / 우회전 - M1, M3 증가 M2, M4 감소

※ 회전하려는 반대 방향의 로터 속도가 빨라진다. 역토크(Counter-torque) 현상을 이용한 것이다.

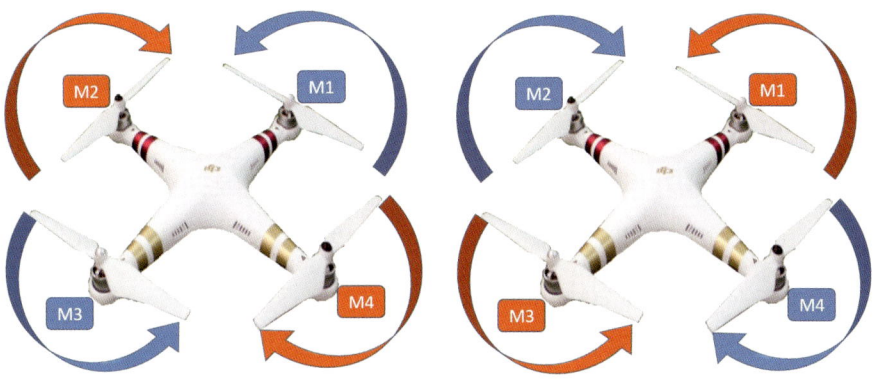

좌회전 / 시계방향(우)
로터 속도 증가
반시계방향(좌) 로터 속도 감소

 고속

우회전 / 반시계방향(좌)
로터 속도 증가
시계방향(우) 로터 속도 감소

저속

※ 알아두면 힘이 된다! (Scientia Est Potentia)

① 토크(Torque) : 회전축에 작용(Action)하여 로터를 회전시키는 원인이 되는 물리량으로서 비틀림 모멘트(Torsion-moment)라고도 한다.

② 역토크(Counter-torque) : 토크의 발생에 의하여 작용하는 힘에 대한 반작용(Reaction)으로서 로터에 작용한 토크와 같은 양의 힘을 가지고 반대 방향으로 회전하려는 성질이다.

③ 반토크(Anti-torque) : 토크로 인해 발생한 역토크의 값이 0이 되어 회전축과 로터만 회전하고 기체는 회전하지 않도록 인위적으로 제어하는 힘이다. 반토크의 힘이 토크의 힘보다 약하면 로터가 회전하는 반대 방향으로 기체가 회전하게 되고, 반토크의 힘이 토크의 힘보다 강하면 로터가 회전하는 방향으로 기체가 회전하게 된다. 이는 헬리콥터의 회전꼬리날개(테일 로터 / Tail Rotor 또는 반토크 로터 / Antitorque Rotor)를 통해서 얻게 되는 힘이다.(사실 멀티콥터는 반토크를 이용한 비행체가 아니다. 토크(작용)와 역토크(반작용)를 적절히 제어하여 방향을 유지하는 원리이다.)

4. 장비 운용에 관한 사항

Q. 헬리콥터와 멀티콥터를 비교하고 차이에 대해 설명해 보시오.

A.
1. 헬리콥터와 멀티콥터는 회전익 비행장치로서 수직 이착륙 및 정지 비행(Hovering / 호버링)이 가능하다.
2. 헬리콥터는 1축의 Mast에서 1로터 또는 2로터(동축 반전) 방식 또는 2개의 축에서 2개의 로터(Tandem) 방식의 구조를 갖고 있다. 동축 반전(Co-axial)과 텐덤 로터(Tandem-rotor) 방식은 역토크(Counter-torque)가 스스로 상쇄되므로 회전꼬리날개(Tail-rotor)가 필요 없다. 그리고 1로터 방식에서는 반토크(Anti-torque)를 발생시키기 위해 회전꼬리날개(Tail-rotor) 또는 토크튜브(Torque-tube)를 이용하여 역토크(Counter-torque)를 상쇄시킨다.
3. 멀티콥터는 3개 이상의 로터(Rotor)를 가진 회전익 비행장치로 헬리콥터의 Multi-Version이다. 기체를 중심으로 하여 방사형으로 3~16개(그 이상도 가능)의 로터를 설치하고, 시계방향(Clock-wise)과 반시계방향(Counter Clock-wise)의 로터를 서로 인접하게 두어 로터의 회전으로 인한 역토크(Counter-torque)를 서로 상쇄하도록 설계한 것이 특징이다. 이에 따라 별도의 회전꼬리날개(Tail-rotor)가 필요 없어 매우 간단한 구조로 제작이 가능하다.
   ③ 다만 홀수 개의 로터로 이루어진 트라이콥터(Tri-copter)나 펜타콥터(Pentacopter)에서 pair(짝)를 이루지 않고 남게 되는 하나의 로터는 CW / CCW 어느 한 방향으로 회전을 하고, 그로 인한 역토크를 상쇄하기 위해 로터의 회전축을 좌우로 기울여 반토크를 발생시키는 매우 독특한 구조이다. 그럼으로써 헬리콥터와 멀티콥터의 기능을 섞어 놓은 형태가 된다.
   ③ 홀수 개의 로터를 갖는 멀티콥터의 특징은 토크와 역토크, 반토크를 모두 이용할 수 있다는 것이다. 그리하여 일반 멀티콥터보다 빠른 회전력(Yawing)을 갖게 되고 기동성 또한 매우 뛰어나 레이싱용이나 묘기용으로 많이 이용된다.

chapter 01 구술시험

Q. 우리가 취득하려고 하는 자격증의 정확한 명칭에 대해 설명해 보시오.

A. 초경량비행장치 무인멀티콥터

초경량비행장치		무인	멀티콥터
유인 : 이륙 총중량 115kg 이하 무인 : 이륙 총중량 150kg 이하	초과 시 경량 항공기	사람이 타지 않음	회전익 비행체 중 로터가 3개 이상

Q. 초경량비행장치 비행 시 휴대해야 하는 것에 대해 기체의 규모에 맞게 설명해 보시오.

A.

기체 규모	자체 중량 12kg 이하	자체 중량 12kg 초과 최대 이륙 중량 25kg 이하	자체 중량 25kg 초과 최대 이륙 중량 150kg 이하
준비물	없음	조종자 증명(자격증) 비행 기록부 신체검사증 또는 운전면허증	조종자 증명(자격증) 비행 기록부 신체검사증 또는 운전면허증 안전성 인증서
비행 승인이 필요한 경우	비행 승인서	비행 승인서	비행 승인서

Q. 방제용 멀티콥터의 비행을 금하는 기상 제한 상황에 대해 설명해 보시오.

A. 1. 풍속은 일반적으로 3m / sec 이내에서 비행을 권장하나 제작사의 매뉴얼에 별도로 제한이 있으면 그 범위를 따른다.

2. 비, 눈, 우박, 천둥, 번개 등 악천후 시 또는 안개가 심해 기체를 육안으로 식별할 수 있는 거리가 충분하지 않을 때는 비행을 하지 말아야 한다.

Q. 초경량비행장치의 운용 한계 거리에 대해 설명해 보시오.

A. 초경량비행장치는 조종자 준수사항에서 설명하였듯이 시계비행(가시권)이다. 각자의 시력에 차이는 있지만 조종자의 눈으로 비행장치를 확인하고 제어할 수 있는 거리 내에서 운용해야 한다.

Q. 비행 전 확인해야 할 사항에 대해 설명해 보시오.

A. 비행을 시작하기 전 확인 사항은 다음과 같다.
1. 기상 상황
2. 조종자의 심신 건강 상태(음주 / 약물 복용 등)
3. 비행 가능 시간(일출 후~일몰 전)
4. 비행 공역 내 장애물 및 안전에 영향을 주는 상황
5. 공역 내 사람의 활동 유무

Q. 이륙 중 기체 고장 대처법에 대해 설명해 보시오.

A. 이륙 중 기체 이상, 엔진 고장 외 기타 비정상 상황 발생 시 즉시 이륙을 포기하고 신속히 착륙장에 착륙해야 한다.

Q. 기체 운용 중 인명사고 발생 시 대처 방법에 대해 설명해 보시오.

A.
1. 인명 구호를 위해 신속히 필요한 조치를 취할 것 - 119에 신고
2. 사고 조사를 위해 기체, 현장을 보존하고 도움이 될 수 있는 정황 및 장비 사진과 동영상을 촬영할 것 - 철도항공 사고조사위원회 및 지방항공청에 사고 보고
3. 사고에 따른 보험 처리 - 사고 발생 시 지체 없이 가입한 보험사에 보상에 대한 접수를 하여야 한다.

MEMO

chapter 02 실기시험

01 시험 정보
1. 채점표
2. 비행 점검 시 구령 일람
3. 확인 사항

02 실기시험 주요 내용
Ⅰ. 비행 전 점검
1. 비행준비
2. 배터리장착
3. 기체점검
4. 조종기 전원 투입
5. 메인 배터리 연결
6. GPS 수신상태 확인
7. 조종자 위치로
8. 공역확인

Ⅱ. 실기비행
1. 이륙비행 (이륙 / 호버링위치로 이동)
2. 공중조작 (좌 / 우측 호버링, 전진 / 후진 비행, 삼각비행, 원주비행, 비상조작)
3. 착륙조작 (정상 접근 및 착륙, 측풍 접근 및 착륙)

Ⅲ. 비행 후 점검

Ⅳ. 종합능력
1. 계획성
2. 판단력
3. 규칙의 준수
4. 조작의 원활성
5. 안전거리 유지

01 시험 정보

1. 채점표

실기시험 채점표
초경량비행장치 조종자(무인멀티콥터)

등급 표기
S : 만족(Satisfactory)
U : 불만족(Unsatisfactory)

응시자 성명		사용 비행장치		판정	
시험 일시		시험 장소			

구분 순번	영역 및 항목	등급
	구술시험	
1	기체에 관련한 사항	
2	조종자에 관련한 사항	
3	공역 및 비행장에 관련한 사항	
4	일반 지식 및 비상 절차	
5	이륙 중 엔진 고장 및 이륙 포기	
	실기시험(비행 전 절차)	
6	비행 전 점검	
7	기체의 시동	

chapter 02 실기시험

8		이륙 전 점검	
	실기시험(이륙 및 공중 조작)		
9		이륙 비행	
10		공중 정지 비행(호버링)	
11		직진 및 후진 수평 비행	
12		삼각 비행	
13		원주 비행(러더턴)	
14		비상 조작	
	실기시험(착륙 조작)		
15		정상 접근 및 착륙	
16		측풍 접근 및 착륙	
	실기시험(비행 후 점검)		
17		비행 후 점검	
18		비행 기록	
	실기시험(종합 능력)		
19		안전 거리 유지	
20		계획성	
21		판단력	
22		규칙의 준수	
23		조작의 원활성	
실기시험 위원 의견 :			

2. 비행 전 점검 시 구령 일람

순서	구령	내용
1	비행 전 기체 점검	• 조종기, 배터리, 체크 리스트를 들고 비행장 입장
2	배터리 장착	• 비행용 메인 배터리를 기체에 장착
3	기체 점검 (이상 무)	• 프로펠러 – 모터 – 모터베이스 – 변속기 – 암대 – GPS 안테나 – 프레임 – 랜딩 스키드 이상 유무 확인
4	조종기 점검 (이상 무)	• 조종기 안테나 – GPS 안테나 – GPS 모드 – 조이스틱 - M 모드 – 조종기 전원 충전 상태 ※ 조종기를 직관적으로 바라보고 위에서 아래로 점검
5	아워미터 확인 (00시간 00분)	• 기체 전원 투입 전(Back up 배터리가 없는 아워미터는 전원 투입 후) 아워미터의 시간을 읽고 체크 리스트에 기록
6	배터리 체크 (전압 25.2V)	• 배터리 체커(리포알람)로 배터리 각 셀 및 전체의 전압을 측정 • 배터리 전압이 OSD로 제공되는 조종기이거나 별도로 기체에 배터리 모니터를 설치한 경우에는 8항의 기체 전원 투입 후 배터리 전압을 확인 가능
7	조종기 전원 투입	• 조종기의 전원을 투입하고 정상적으로 켜진 상태 확인
8	기체 전원 투입	1. 변속기 또는 수신기 전원 보드가 분리된 경우 반드시 수신기(FC)가 있는 쪽의 전원을 먼저 연결 2. 전원 연결은 –(검정) ⇒ + (빨강) 순 3. Anti Spark(보호 회로) 커넥터는 2단으로 나눠서 연결
9	GPS 수신 상태 확인	• 기체로부터 5보 후방에서 LED의 점등 상태 확인 ① 부팅 완료 ② GPS 수신 상태 ③ GPS 모드 점등 상태
10	비행 전 기체 점검 완료 조종자 위치로	• 조종기와 체크 리스트를 들고 조종자 위치로 이동
11	공역 확인 (완료)	• 좌, 전방, 우, 후방, 시정 거리, 측풍(방향 / 풍속) 확인

3. 확인 사항

Check List

비행 일자 20XX. 12. 31.

기체 번호	S7800S ☐ S7988S ☐	비행 목적	조종자 실기시험	점검자		이찬석			
비행 전 H-METER	850:10	비행 후 H-METER	:	금회 운용 (H)	0.15 ☐ 0.3 ☐	0.2 ☐ 0.35 ☐		0.25 ☐ 0.4 ☐	

NO	구분	점검 사항	확인		이상 증상
			비행 전	비행 후	
1	배터리	① 손상 및 배부름 상태, 커넥터 연결 상태 확인	OK ✓	OK ☐	
		② 메인 배터리 잔량(충전 전압) 확인 ※ 전원 투입 후	OK ✓		
2	프로펠러	① 6조의 프로펠러 외관, 고정 상태 확인	OK ✓	OK ☐	
		② 균열, 뒤틀림, 파손, 좌 / 우 레벨 확인	OK ✓	OK ☐	
	모터	① 모터 회전부 이물질, 유격, 과부하(타는 냄새) 확인	OK ✓	OK ☐	
		② 모터 베이스 고정 상태, 모터 회전 상태 확인	OK ✓	OK ☐	
		③ 변속기 발열 상태, 과부하(타는 냄새) 확인	OK ✓	OK ☐	
3	기체	① GPS 안테나 고정 상태 확인(유격, 파손 여부)	OK ✓	OK ☐	
		② 메인 프레임 고정 상태(나사 풀림, 흔들림) 확인	OK ✓	OK ☐	
		③ 랜딩 기어 장착 상태, 균열, 휨, 파손 확인	OK ✓	OK ☐	
4	조종기	① 안테나, GPS 안테나 연결 상태, 조이스틱 유격 확인	OK ✓		
		② GPS 모드, M 모드, 전환 상태 확인	OK ✓		
		③ 조종기 배터리 잔량 확인	OK ✓		

NO	내용	확인	비고
	공역 및 비행 전 확인 사항		
1	비행장 주변 좌, 전방, 우, 후방 인명 피해 발생 요소를 확인	OK ✓	
2	비행장 주변 장애 요소, 시정 거리 확인	OK ✓	
3	비행 전 풍향, 풍속 확인	OK ✓	
4	시동 전 GPS 신호 수신 상태 확인	OK ✓	
5	비행 전 조종자 준수사항 확인	OK ✓	
6	비행할 지역에 대하여 비행 승인 여부 확인	OK ✓	
7	조종자 증명(자격증) 소지 여부 확인	OK ✓	
8	조종자와 부조종자의 건강 상태 확인	OK ✓	
9	안전모, 보호 안경, 마스크 등 안전한 복장 착용 상태 확인	OK ✓	

MEMO

02 실기시험 주요 내용

1. 비행 전 점검

1) 점검 위치로 이동(비행준비)

2) 조종기 및 배터리 박스 위치

조종기는 수시로 확인할 수 있도록 기체의 후방 또는 좌측 암대 아래에 준비한다.

▲ 점검 시 조종기를 두는 위치

3) 배터리 장착

배터리 장착 방법 및 위치는 제조사마다 다르다.

▲ 프레임 하부에 배터리를 삽입하는 방식

▲ 프레임 하부에 배터리를 장착하는 방식

각 기체의 제조사는 기체의 CG(Center of Gravity / 무게중심)에 맞추어 배터리 장착 위치를 정하고 있다.

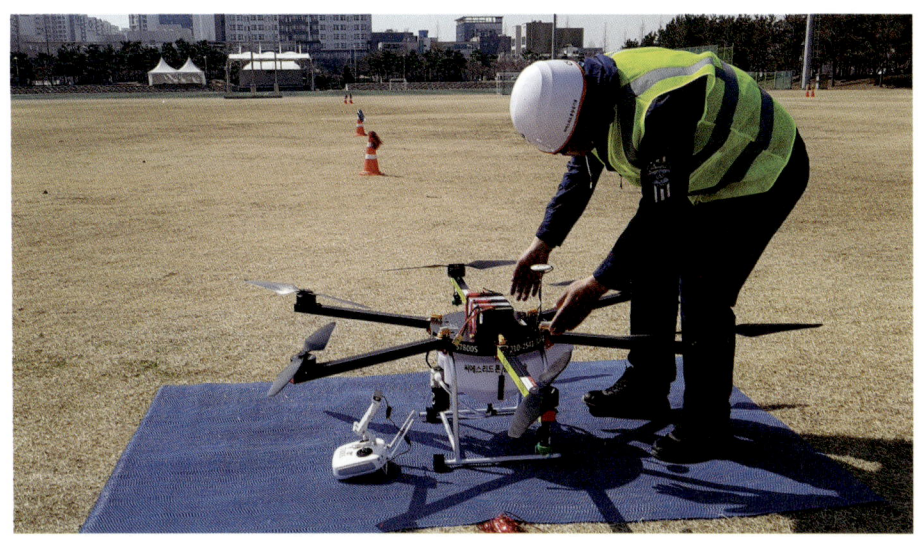

▲ 프레임 상부에 배터리를 장착하는 방식

▲ 약제탱크 위에 배터리 홈을 만들어 삽입하는 방식

4) 기체 점검

(1) 로터(Rotor), 또는 프로펠러(Propeller)

점검자는 "로터" 또는 "프로펠러" 구령에 1번 로터(프로펠러)의 익근으로부터 익단까지 손으로 만지며 점검한다.

- **눈** : 뒤틀림, 좌-우 레벨의 균형 상태
- **손** : 균열(크랙), 파손 부위, 깨짐 등

이동 편의를 위해 제작된 접이식(Folding) 로터는 좌우로 곧게 펴고 블레이드 허브(Blade Hub / 블레이드 고정자)의 고정 상태 및 긴장도를 점검한다.

▲ 프로펠러 점검

(2) 모터(Motor), 모터 베이스(Motor Base)

모터를 회전 방향, 반대 방향으로 각 1회 이상 회전시키면서 모터의 베어링 상태, 소음, 진동, 이물질 끼임 등을 점검한다.

▲ 모터 회전상태 점검

대부분 외부 회전자를 갖는 BLDC 모터는 모터 베이스를 통해 암대의 모터 마운트(Motor Mount)에 장착되어 있다. 이 부분의 유격, 흔들림, 균열 등의 점검은 꼭 필요하다.

▲ 모터 베이스 점검

(3) 변속기(ESC-Electronic Speed Controller)

> 변속기는 외장형과 내장형으로 구분되며 보통 내장형의 경우 모터 베이스 내부에 변속기를 품고 있다. 외장형의 경우 모터 베이스 부근 암대에 고정하거나, 암대의 중공축 내부 또는 프레임의 암대 시작 부위에 위치한다.

① 먼저 변속기 부위에 코를 가까이 해서 탄내가 나는지 확인한다.

② 변속기가 설치된 위치를 손으로 만져 방금 전 비행 후 특별히 과열되는 곳은 없는지 확인한다.

③ 육안으로 변속기의 전원 연결선, 신호선, 단자의 부식 및 방수 상태 등을 점검한다.

▲ 변속기 점검

(4) 암대(붐)

기체의 모든 하중을 받는 곳으로 특히 로터에서 발생하는 양력과 기체의 무게 및 적재물의 하중 사이에서 상당한 전단 응력을 받는 곳이다. 또한 기체 이동 시 손잡이의 역할까지 하게 되어 고정 상태가 헐거워지거나 균열, 비틀림 등이 생길 경우 비행 시 많은 진동이 발생하게 된다. 점검자는 손으로 붐의 안쪽부터 바깥쪽까지 훑으며 균열 부위를 확인하고 각 고정 볼트 및 너트의 조임 상태를 확인한다.

▲ 양손으로 암대 점검

▲ 암대 관절부분(elbow / 엘보) 점검

(5) 메인 프레임

메인 프레임은 대부분 상 / 하판의 2겹식 카본판 구조로 되어있거나 전용 케이스 형식으로 구성된다. 메인 프레임은 FC와 IMU 등 중요 장비가 중심부에 위치하고 있으므로 이 장비들의 견고한 고정 상태를 확인하고 프레임과 연결하여 고정된 탑재 임무 장비 등의 결속 상태를 확인한다.

▲ Ceres 10S 원형프레임

▲ DJI의 MG1S 프레임

⑹ 랜딩 기어 또는 스키드

랜딩 기어와 스키드는 착륙 시 특히 하드 랜딩에 의한 충격으로 인해 변형되거나 크랙(Crack)이 발생하기 쉬운 곳이다. 그러므로 위에서 아래로 빠짐없이 손으로 훑고 눈으로 그 변형 상태를 확인해야 한다.

▲ 랜딩스키드 점검

(7) 조종기 점검

비행 전 조종기의 각 토글 스위치의 위치와 조작 범위의 확보는 매우 중요하다. 조종자는 위에서 아래로, 직관적으로 보이는 순서에 따라 조종기의 상태를 점검한다.

① 안테나
② GPS 안테나
③ Toggle S / W GPS 모드
④ Joy Stick(조종간)
⑤ 비행 모드(자동 / 수동)
⑥ 조종기 배터리 충전 상태(DJI 조종기만 가능 / OSD 방식 조종기는 전원 투입 후 확인)

▲ Graupner 조종기   ▲ Taranis 조종기

(8) 아워미터(Hour-Meter / 적산 시간계) 확인

기체 전원 투입 전 최종 비행 후 적산 시간을 시·분 단위로 읽고 체크 리스트에 기록한다.

▲ 프레임 내부에 아워미터를 설치한 경우

▲ Ceres 10S 외부에 설치된 아워미터

(9) 조종기 전원 투입

> 제조사의 방식에 따라 조종기의 전원을 투입한다. 그 후 조종기의 전원이 완전하게 켜졌는지 눈과 귀로 확인한다.

- Futaba 외 : Push & up 방식
- DJI : 더블클릭 방식(Short & Long Click)

▲ Graupner 조종기(측방으로) ON

▲ Taranis 조종기(위쪽으로) ON

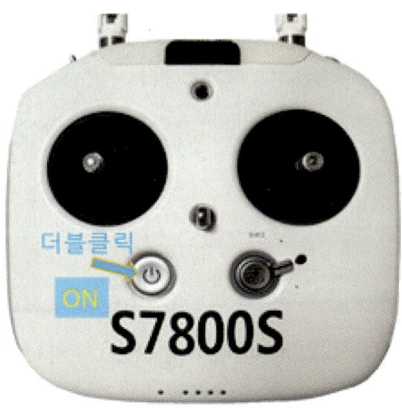
▲ DJI 조종기 더블클릭(짧게 한번, 길게 한번) ON

(10) 메인 배터리 연결

> 기체용 주 배터리를 연결하면 FC, 변속기 및 탑재된 임무 장비에 전원이 공급된다.

① 변속기 또는 수신기 전원 보드가 분리된 경우 반드시 수신기(FC)가 있는 쪽의 전원을 먼저 연결한다.

② 전원 연결은 －(검정) ⇒ ＋(빨강) 순으로 한다.

③ Anti Spark(보호 회로) 커넥터는 10%만 먼저 삽입 후 2단으로 나눠서 연결한다.

▲ XT 방식의 커넥터를 사용하는 DJI의 HG1S

(11) GPS 수신 상태 확인 및 비행 전 기체 점검 완료

> 기체로부터 5보 후방에서 LED의 점등 상태 확인

① 부팅 완료

② GPS 수신 상태

③ GPS 모드 점등 상태

❯ FC LED 상태 표시(컬러 및 점등, 점멸)

● - ∞	1회 깜빡임이 무한 반복	●●● - ∞	3색으로 변하며 무한 반복
▬	1회 연속 점등	*	지원하지 않음

분류	내용	A3-AG	A3	A2	N3	NAZA-V2
비행 모드	GPS 비행	● - ∞	● - ∞	● - ∞	● - ∞	● - ∞
	자세 모드	● - ∞	● - ∞	● - ∞	● - ∞	● - ∞
	수동 모드	*	● - ∞	*	●● - ∞	*
경고	위성 5 이하	●●●	●●●	●●●	*	●●●
	위성 6 이하	●●	*	●●	*	●●
	위성 7 이하	●	*	●	*	●
	신호 두절	● - ∞	● - ∞	● - ∞	*	● - ∞
	시스템 진단	●● - ∞	●● - ∞	*	●● - ∞	*
	IMU 에러	●●●●	▬ ∞	●●●●	*	●●●
	자세 불량	○○○	*	○○○	● - ∞	*
	1차 저전압	● -S- ∞	● - ∞	● - ∞	● - ∞	*
	2차 저전압	● -F- ∞	● - ∞	● - ∞	● - ∞	*
COMPASS & CALI	수평 보정 시작	▬	▬	▬	▬	▬
	수직 보정 시작	▬	▬	▬	▬	▬
	캘리 완료	▭	▭	▭	▭	*
	캘리 오류	●	▬	●	▬	●

(12) 조종자 위치로

조종기, 배터리 박스, 체크 리스트를 들고 기체로부터 15m 떨어진 조종자 위치로 돌아온다.

▲ 조종자의 바른 자세(발은 어깨너비, 팔꿈치는 90°)

(13) 공역 확인

① **비행장 주변** : 좌측, 전방, 우측, 후방 지형지물 및 사람 위치 등 비행장 부근에서의 안전 상황을 복창한다.

예 좌측 : 축구장, 전방 : 비닐하우스, 우측 : 야구장, 후방 : 논, 밭에서 일하는 농부와 차량

② **시정 및 풍계**

시정 거리	통상 멀티콥터 비행 거리는 200m 이내이지만 최소한 300~500m 이상의 시계가 확보되어야 한다.
풍향 / 풍속	풍향은 보통 동서남북과 중간의 값을 포함한 8방위를 많이 사용하지만 측풍 과제를 진행하는 멀티콥터 자격 과정 비행에서는 호버링 위치를 중심으로 9시와 3시 방향(좌 / 우)의 측풍 방향으로 구령한다.

풍속은 비행장에 설치된 바람자루(Windsock)의 각도를 보고 읽고 비행은 3m / sec 이내에서 하는 것이 안전하다 5m / sec 이상의 바람이 불 경우 비행하는 것은 매우 위험하므로 비행을 취소해야 한다.

▲ 바람자루

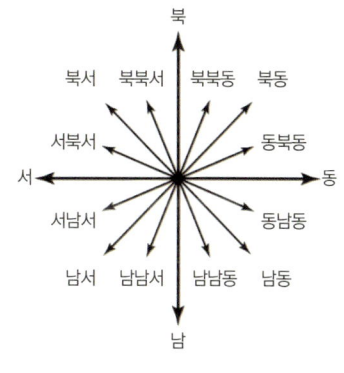

▲ 16방위

무인멀티콥터조종자 실기시험 비행 순서 및 구령

평가관 / 교관 구령	조종자 구령 / 복명복창 내용
이륙	"이륙 및 기체 점검" 시동 ⇒ 이륙 ⇒ 정지 ⇒ 이륙 후 기체 점검 (Pitch-Roll-Yaw) 이상 무 ⇒ "이륙 후 기체 점검 완료"
호버링 위치로	"호버링 위치로" ⇒ 정지(5초)
좌우측 호버링 실시	"좌우측 호버링" 좌측면 호버링 ⇒ 정지(5) ⇒ 우측면 호버링 ⇒ 정지(5) ⇒ 후면 호버링(기수 전방) ⇒ 정지(5) ⇒ "좌우측 호버링 완료"
전 / 후진 비행 실시	"전진 및 후진 비행" 전진 ⇒ 정지(5) ⇒ 후진 ⇒ 정지(5) ⇒ "전진 및 후진 비행 완료"
삼각 비행 실시	"삼각 비행" 3시로(9시) 이동 ⇒ 정지(5) ⇒ 호버링 위치로 상승 ⇒ 정지(5) ⇒ 9시로 하강(3시) ⇒ 정지(5) ⇒ 호버링 위치로 ⇒ 정지(5) ⇒ "삼각 비행 완료"
원주 비행 실시	"원주 비행" 원주 비행 위치로 ⇒ 정지(5) ⇒ 원주 비행 준비(우측 / 좌측 호버링) ⇒ 정지(5) ⇒ 원주 비행 출발 ⇒ 정지(5) ⇒ 후면 호버링 ⇒ 정지(5) ⇒ "원주 비행 완료"
비상 착륙 실시	"비상 착륙" 2m 고도 상승 ⇒ 정지 ⇒ 비상 ⇒ "비상 착륙 완료"
정상 접근 및 착륙 실시	자세(애띠) 모드 변경 ⇒ 변경 확인 ⇒ "정상 접근 및 착륙" ⇒ 시동 ⇒ 이륙 ⇒ 정지(5) ⇒ 정상 접근 ⇒ 정지(5) ⇒ 착륙 ⇒ "정상 접근 및 착륙 완료" ⇒ GPS 모드 변경 ⇒ 변경 확인
측풍 접근 및 착륙 실시	"측풍 접근 및 착륙" 시동 ⇒ 이륙 ⇒ 정지(5) ⇒ 측풍 위치로(3시 / 9시) ⇒ 정지(5) ⇒ 측풍 대응 ⇒ 정지(5) ⇒ 측풍 접근 ⇒ 정지(5) ⇒ 착륙 ⇒ "측풍 접근 및 착륙 완료"
비행 종료	"비행 끝"

chapter 02 실기시험

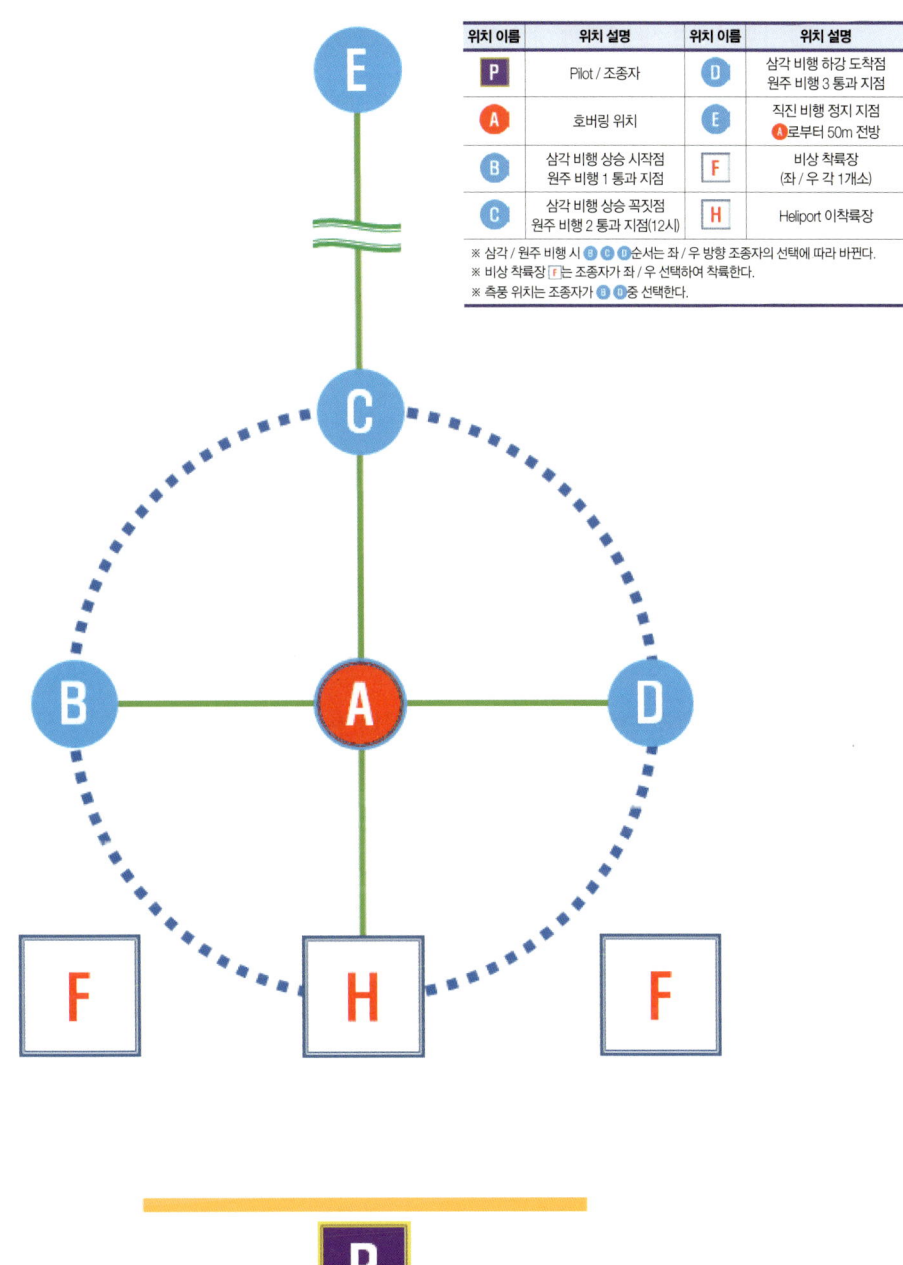

▲ 무인멀티콥터 실기시험장 배치도

2. 이륙 비행

1) 평가 기준

① 이륙장에서 이륙하여 랜딩 스키드 하단 기준 3~5m 범위까지 상승 후 정지한다. 최초로 정지하여 설정한 고도는 실기시험을 보는 동안의 기준 고도가 되므로 모든 기동은 이 고도를 기준으로 진행하게 된다.

② 이륙 후 호버링 상태에서 전 / 후, 좌 / 우, 좌회 / 우회 동작을 점검한다.

③ 세부 기준

　㉠ 이륙 동작에서 기체는 전 / 후, 좌 / 우 이탈하지 않고 수직으로 상승해야 한다.

　㉡ 상승 속도는 너무 급하거나 느리지 않도록 하여 일정한 속도로 상승해야 한다.

　㉢ 상승 중 좌 / 우 방향으로 기수가 틀어져서는 안 된다.

2) 감점 기준

① 이륙하여 수직으로 정지 고도에 도착하기까지 원활한 동작으로 조작해야 한다.

② 출력의 급격한 변화 또는 상승 중 정지 동작을 반복하면 안 된다.

③ 이륙장에서 이륙하여 정지 고도에 도착한 경우 다음의 3가지를 충족해야 한다.

　㉠ 고도 3~5m 범위에 정지

　㉡ 기수 방향 전방에서 좌우로 15° 범위 이내

ⓒ 이륙장 중심을 기준으로 사방 1m 범위(이륙장) 내에 기체의 중심이 위치할 것

3) 이륙 요령

① 일정한 힘으로 스로틀 스틱을 위로 민다.
② 3~5m 범위 중 지형지물을 기준으로 연습한 위치의 고도에 정지한다.
③ 스로틀 조작 시 Yaw와 간섭이 되지 않도록 주의한다.
④ 상승 속도는 변하지 않고 일정하게 유지한다.
⑤ "정지" 구령을 외친 후부터는 고도 설정이 완료되므로 차분하게 위치에 정지한 후 "정지" 구령을 외쳐야 한다.
⑥ "정지"를 외침과 동시에 "이륙 후 기체 점검"을 실시한다.(Pitch-Roll-Yaw 순)

> Pitch-Roll의 순서는 바뀌어도 되나, Yaw의 점검은 반드시 마지막에 해야 한다. - 기체 점검이 끝나면 호버링 위치로 이동해야 하는데 이동 시에 기수의 방향은 항상 정확하게 전방을 유지해야 하므로 마지막으로 Yaw의 점검을 마치고 천천히 기수를 정확하게 정면으로 고정한 후 "이륙 후 기체 점검 완료" 구령을 외쳐야 한다.

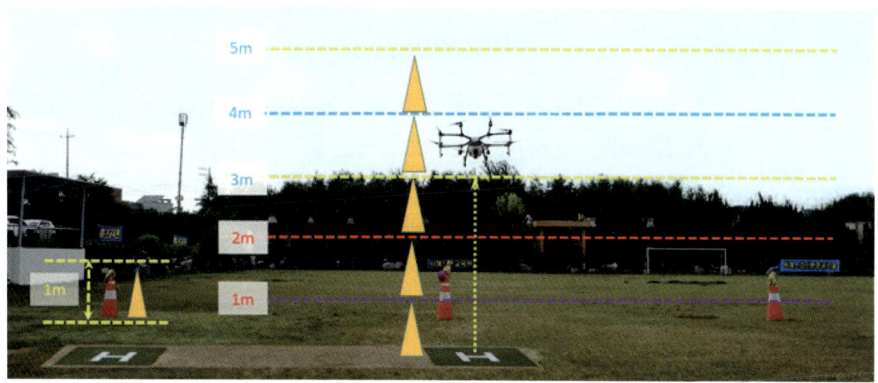

▲ 이륙 비행 시 높이 가늠하기

3) 동작별 조종법

(1) 이륙 동작

"시동" 구령으로 CSC(Combination Stick Command)를 실시하여 모든 로터가 아이들링 상태에 들어가면 약 3~5초 후 공역 확인을 통해 얻은 정보(비행장의 풍향, 풍속, GPS 수신 상태)에 따라 차분하게 "이륙"한다.

> 로터의 시동은 1 ⇒ 2 ⇒ 3 ⇒ 4 모터 순으로 순차적으로 걸리는 경우와 전체 로터가 일제히 시동이 걸리는 경우로 시스템 설정을 통해 변경이 가능하다. 순차 시동의 경우 마지막 시동 로터가 회전을 하여 아이들링에 들어가면 이륙이 가능하다.

(2) 기준 고도 정지 동작

이륙 후 수직으로 상승하여 기준 고도에 도달하면 천천히 정지한다. "정지" 후 "이륙 후 기체 점검"을 실시한다.

① 짧게 Pitch 스틱을 앞뒤로 흔들어 준다.(이동 거리 30cm 이내)

② 짧게 Roll 스틱을 좌우로 흔들어 준다.(이동 거리 30cm 이내)

③ 한쪽 방향으로 Yaw를 틀고(10~15°) 다시 천천히 기수를 전방으로 향하게 맞춘다.

> 이륙 후 기체 점검 시 스틱을 짧게 치는 이유는 GPS 신호를 계속해서 연결하기 위함이다. 만일 Pitch나 Roll 스틱을 짧게 치고 놓지 않고 어떤 포지션에 위치하게 되는 경우 GPS 모드가 해제되면서 기체는 바람의 방향을 타고 흘러가게 된다. 그러므로 이륙 후 기체 점검은 최대한 짧은 시간에 끝내는 것과 스틱을 짧게 치는 것 두 가지를 특히 신경 써야 한다.

비법전수 TIP

고도 쉽게 잡기

① 기준 고도를 정한 후 전체적인 시험 과정의 비행을 동일한 고도로 유지해야 한다.(예 : 3.0m에 정지한 경우는 모든 비행의 고도를 3.0m로 해야 하고 5.0m에 정지한 경우는 5.0m 고도로 맞추어 전 과정을 진행해야 한다. 그러므로 기준 고도를 정할 때는 절대 서두르지 말고 차분하고 천천히 정확한 위치에 정지시키는 것이 중요하다.)

② 지형지물을 이용하면 고도를 잡는 데 수월하다. 수평선이나 지평선이 보이는 비행장을 제외하고는 어느 곳이나 공제선 아래에 지형지물이 존재하기 마련이다. 이러한 지형지물을 이용하여 고도를 잡는 연습을 평소에 충분히 하면 항상 일정한 고도에 맞추어 비행할 수 있게 된다.

③ 높이나 거리 감각이 좋은 경우는 비행장에 설치된 러버콘(라바콘)의 높이와 비교하여 고도를 잡는 방법을 쓸 수 있다. 보통의 러버콘 길이는 0.5, 0.7, 1.0 등이 있으므로 러버콘 길이의 몇 배수로 하여 기준 고도를 정할 수 있다. 하지만 러버콘의 길이가 짧거나 단시간에 러버콘으로 고도를 맞추려고 할 경우 혼동에 주의해야 한다.

(3) 호버링 위치로 이동

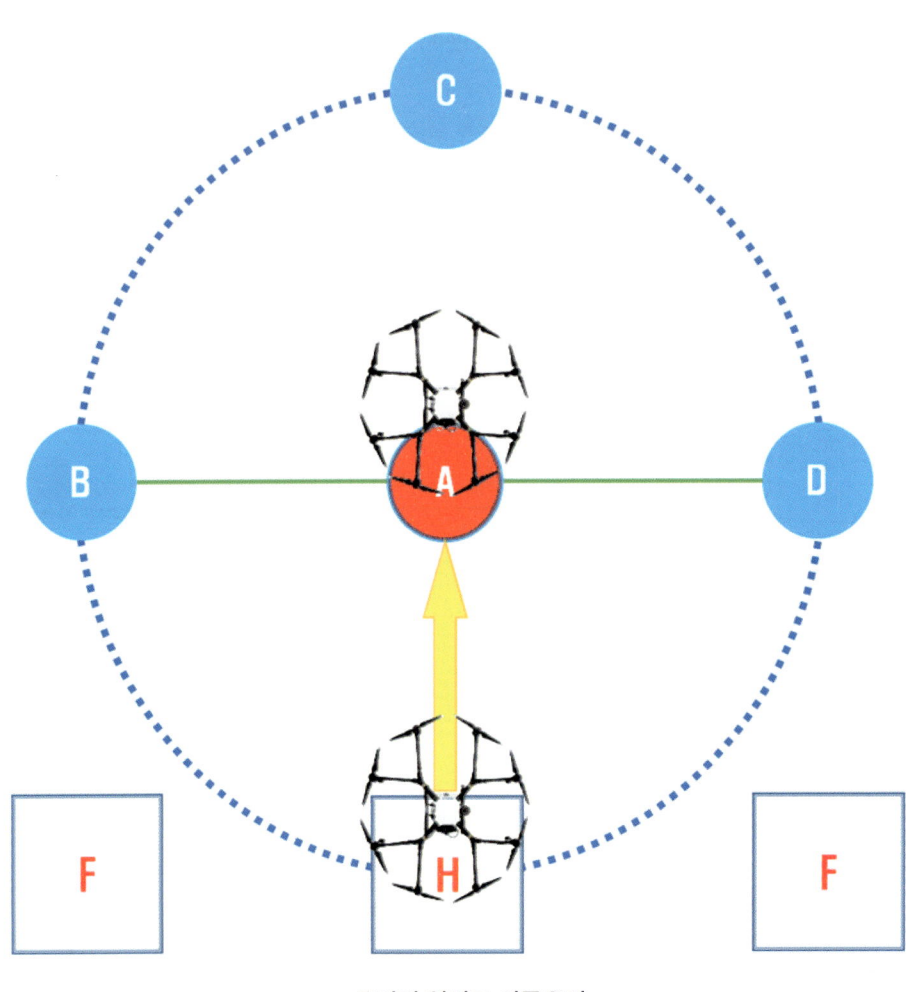

▲ 호버링 위치로 이동요령

"이륙 후 기체 점검 완료" 구령에 이어 "호버링 위치로 이동" 구령과 함께 7.5m 전방에 있는 A 지점(호버링 위치)으로 이동한다.

비법전수 TIP

이동 시

① 바람에 흔들리는 기체를 의식하지 말고 본인이 진행하고자 하는 방향으로 키를 지그시 밀어서 기체가 진행하고자 하는 방향으로 약간 기울어지게 한다.

② 기울어진 기체가 서서히 움직이기 시작하면 조작했던 스틱에서 다시 힘을 빼 속도가 많이 붙지 않도록 조절한다.
  - 스틱을 한 번 조작한 상태에서 가만히 있으면 수평 이동을 하므로 공기 중에 둥둥 떠 있는 기체는 가속도를 내며 이동한다.
  - 조작했던 스틱을 완전히 놓아 버리면 바로 GPS로 위치를 잡게 되므로 이동하지 않고 정지한다. 스틱을 중심부까지 완전히 놓지 않도록 주의해야 한다.

③ 기체가 도착 지점에 다가가면 서서히 조종 스틱의 힘을 빼 탄력으로 1m 범위 안에 정지하도록 한다.

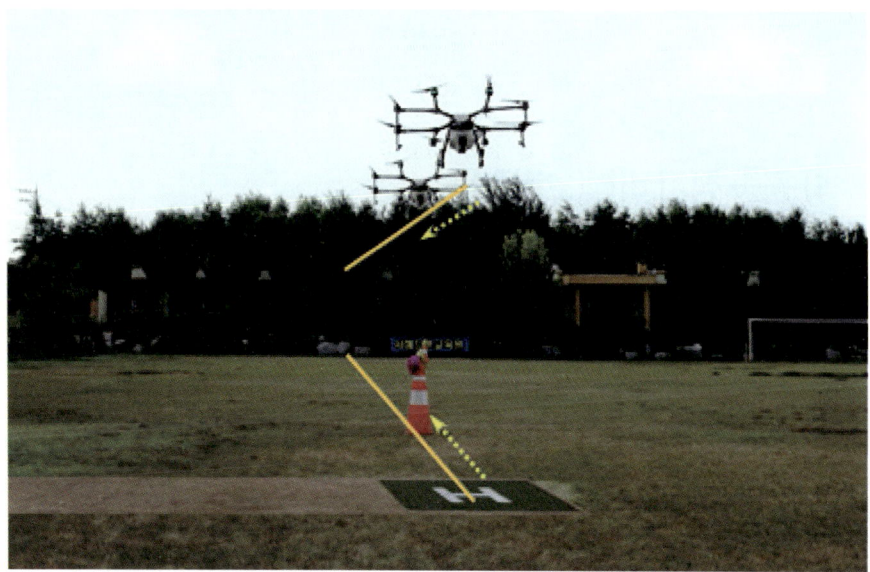

▲ 호버링 위치로 이동하면 같은 고도라도 원근감에 의해 실제보다 낮게 보인다.

> **비법전수 TIP**
>
> **위치 잡기**
>
> ① 눈으로 거리를 맞출 수 있는 경우는 최대한 눈으로 맞출 수 있는 부분까지 맞추도록 한다.
> ② 맑은 날의 경우 이륙 후 기준 고도에 기체가 정지하였을 때 기울어지는 기체의 그림자의 위치와 방향을 기억했다가 각 정지 위치에 도착할 때 활용할 수 있다.
> ③ 러버콘에 설치된 응원용 술(일명 팔랑이)의 방향을 보고 정확한 위치를 추정할 수 있다.
> - 기체가 다가올 때 : 기체가 위치한 반대 방향으로 술이 들썩거린다.
> - 기체가 많이 가까울 때 : 술이 러버콘 주변을 때리며 바쁘게 팔랑거린다.
> - 기체가 정 중심에 올 때 : 술이 천천히 만세하듯이 위로 들린다.
> - 기체가 러버콘을 중심으로 천천히 통과할 때 : 술이 팔랑거리는 방향이 기체 쪽으로 기울어지다가 반대방향으로 방향이 바뀐다.

3. 공중 조작

1) 공중 정지 비행(호버링)

(1) 평가 기준

① 호버링 위치로 이동하여 기준 고도에서 5초 이상 호버링

② 기수를 좌측으로 90° 돌린 상태에서 5초 이상 호버링

③ 기수를 우로 180° 돌려 우측으로 90° 틀어진 상태에서 5초 이상 호버링

④ 기수를 다시 전방으로 향하도록 하여 5초 이상 호버링

(2) 감점 기준

① 고도의 변화(상 / 하 0.5m 이하)

② 기수 전방, 좌측, 우측, 전방 호버링 시 러버콘 중심으로부터 1m 이상 이탈이 없을 것

③ 회전 중 러더(Yaw) 동작이 끊기거나 속도 변화가 없을 것

(3) 조종법

> 먼저 "좌 / 우측 호버링" 구령을 하여 좌 / 우측면 호버링 과제에 진입함을 알린다.

① "좌측 호버링" 구령 후 정지 상태에서 Yaw 스틱을 좌측으로 조작하여 천천히 회전하여 90° 회전한 후 정 측면 상태에서 정지한다.
 - "정지" 구령 후 5초간 정지

② "우측 호버링" 구령 후 Yaw 스틱을 우측으로 조작하여 180° 회전하여 정 우측면 상태에서 정지한다.
 - "정지" 구령 후 5초간 정지

③ "기수 전방(기수 정렬 / 후면 호버링)" 구령 후 Yaw 스틱을 좌측으로 조작하여 기수가 전방을 향하도록 한 후 정지한다.
 - "정지" 구령 후 5초간 정지
 "좌 / 우측 호버링 완료" 구령을 하여 좌 / 우측면 호버링 과제가 완료됨을 알린다.

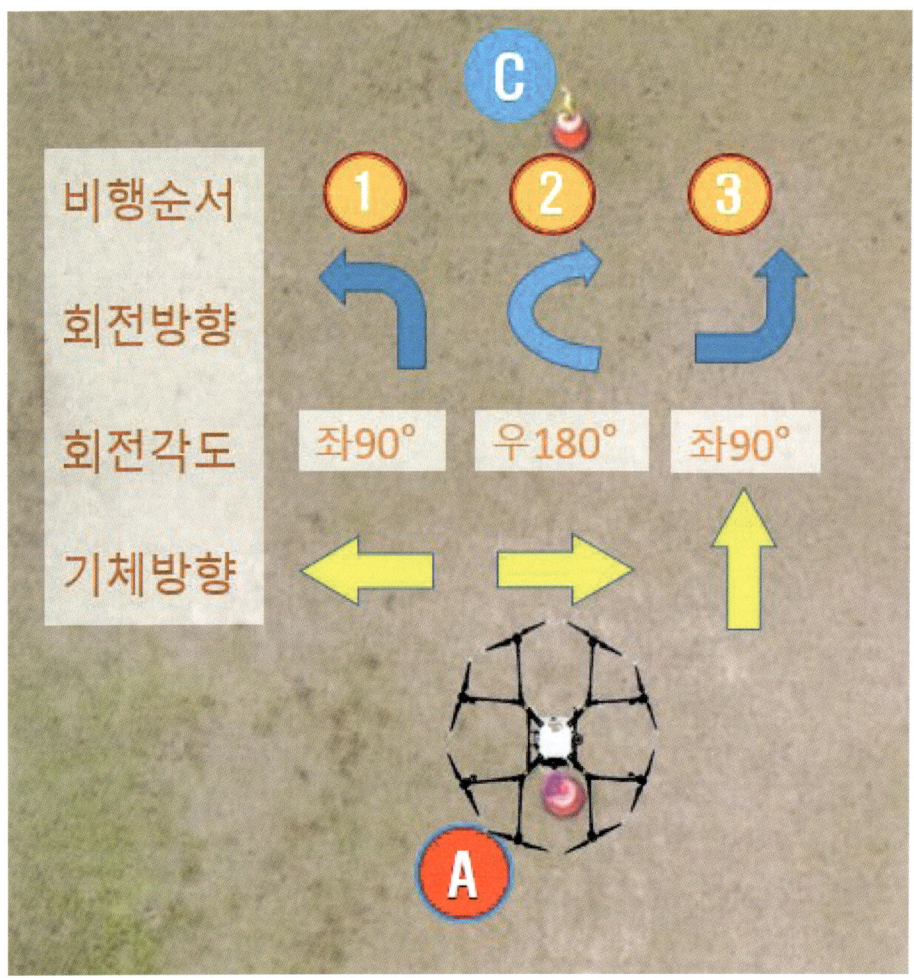

▲ 좌·우측 호버링 순서

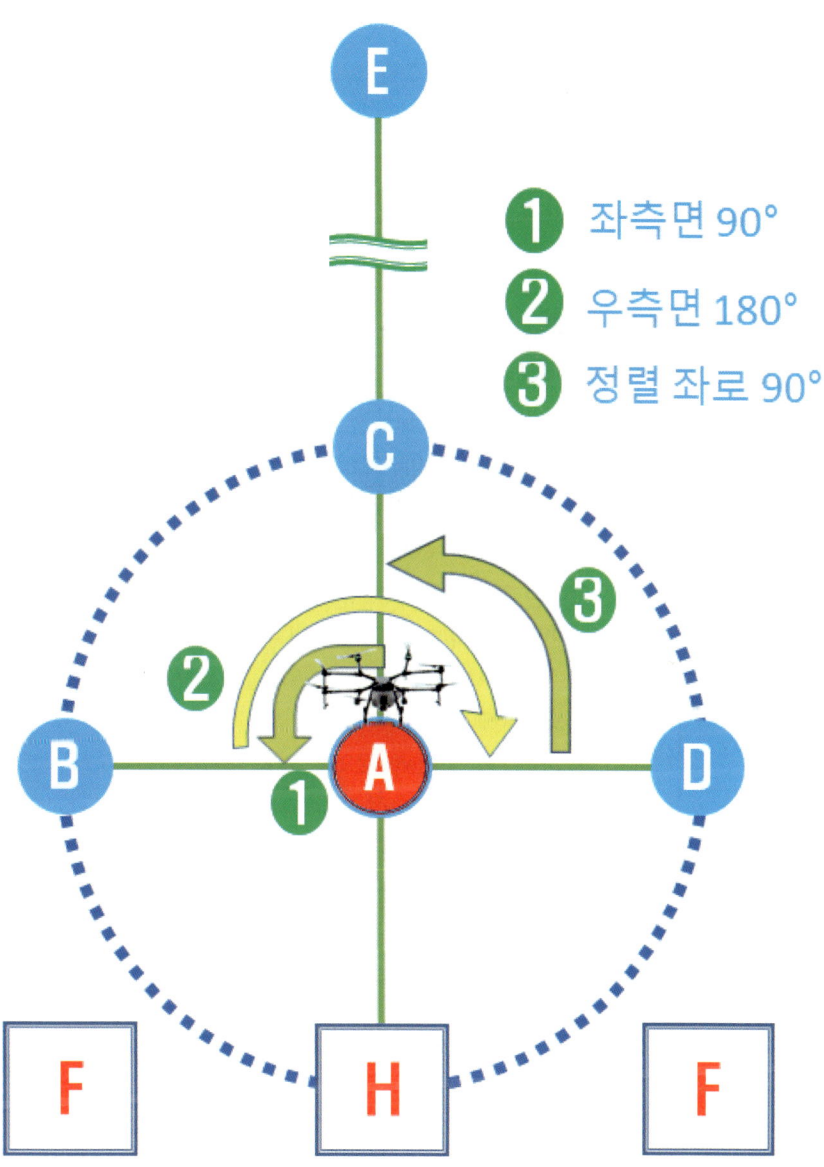

▲ 좌 · 우측 호버링 비행요령

(4) 동작별 조종법

① "좌측 호버링" 구령 후 Yaw를 좌로 90° 회전 후 "정지" 5초

② "우측 호버링" 구령 후 Yaw를 우로 180° 회전 후 정우측면에서 "정지" 5초

③ "후면 호버링" 구령 후 Yaw를 좌로 90° 회전 후 기수 정렬한 후 "정지" 5초

> **비법전수 TIP**
>
> **회전 시**
>
> ① 정지 호버링 기동 중 기체가 전 / 후 / 좌 / 우로 이탈하는 경우 즉시 Pitch 스틱과 Roll 스틱을 반대 방향으로 조작하여 중심점 반경 1m 이내에 기체의 중심이 위치하도록 잡아주어야 한다.
> ② 좌 / 우 Yaw 조작 시 로터의 회전수 변화에 따라 기체가 상승 또는 하강하는 경우가 있다. 또한 조작 시 손가락이 스로틀 방향으로 간섭하는 것으로 인해 고도가 변할 수 있다. 그러므로 기체와 주변 지형지물을 동시에 보면서 고도가 변할 경우 즉시 반대 방향으로 스로틀을 조작하여 기체의 고도가 일정하게 유지되도록 해야 한다.
> ※ IMU에 내장된 Barometer(바로미터 / 자동 고도 조절 장치)와 일부 기체에 설치된 Sonar(초음파 거리 측정 장치)를 너무 맹신하여 장비 스스로 고도를 정확히 유지해줄 것을 기대하면 안 된다.

2) 전진 및 후진 수평 비행(전 / 후 직진 비행)

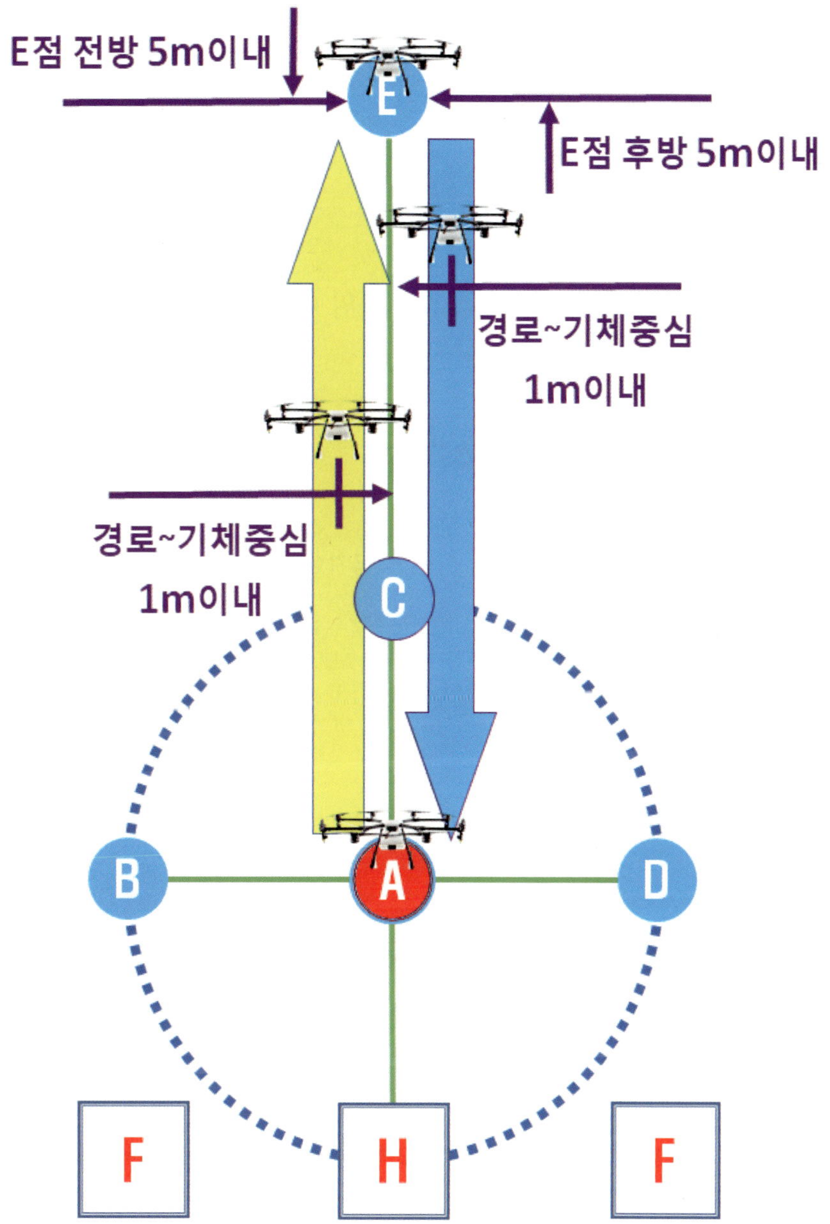

▲ 50m 전진 / 후진 비행 요령

(1) 평가 기준

① 호버링 위치(A 지점)에서 전진 후 정지 점(E 지점)까지 50m 전진 후 정지하여 5초간 호버링

② 호버링 위치(A 지점)로 후진 비행 후 정지하여 5초간 호버링

(2) 감점 기준

① 경로 이탈 좌 / 우 각 1m 범위 이내일 것, 고도 유지 상 / 하 각 0.5m 이내일 것

② 이동 속도 일정하게 유지할 것(지나친 과속, 지나친 저속, 기동 중 3회 이상 정지)

③ 정지 지점 정확하게 지킬 것(E 지점 전 / 후 5m 이내에 정지)

④ 기수 방향 유지(전방을 향하여 좌 / 우 15° 이내)

(3) 조종법

먼저 "전진 및 후진 비행" 구령을 하여 전진 / 후진 비행 과제에 진입함을 알린다.

① "전진" 구령 후 Pitch 스틱을 전방(앞)으로 조작하여 기체를 일정한 속도로 전진시킨다.

> 정지하고 있는 기체를 전방으로 이동시키면 처음에는 느리지만 갈수록 가속이 붙는다. 그러므로 Pitch 스틱을 처음 조작한 동작에서 기체가 움직이기 시작하면 조작하는 힘을 약간 느슨하게 해야 동일한 속도를 얻을 수 있다.

② 전진 이동 간 좌/우 1m 이상 벗어나지 않도록 신경을 쓰며 속도 및 바람과 햇볕의 영향으로 고도가 변할 경우 변화하는 양을 보고 적절히 조절해야 한다.

③ 50m를 전진하여 E 지점에 도달하면 "정지" 구령 후 5초간 호버링 한다.

④ "후진" 구령과 함께 Pitch 스틱을 아래로 조작하여 일정한 속도로 후진한다.

⑤ 12시 방향 러버콘(C 지점)부터 속도를 천천히 줄여 호버링 위치(A 지점)에 정확히 정지하고 "정지" 구령 후 5초간 호버링 한다.

"전진 및 후진 비행 완료" 구령을 하여 전진 및 후진 비행 과제가 완료됨을 알린다.

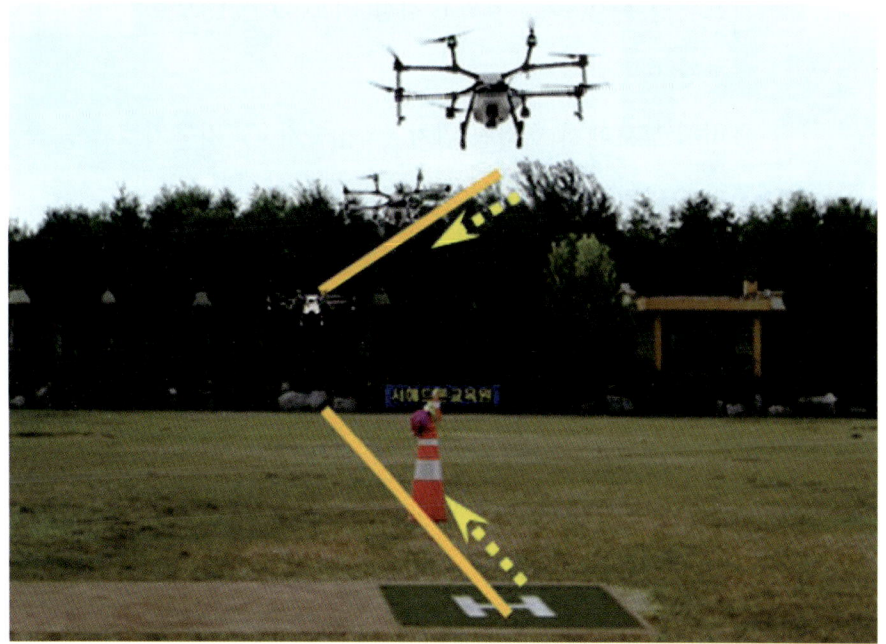

▲ 50m 전진비행에서 원근감에 의한 고도 착시

(4) 동작별 조종법

① "전진" 구령 후 Pitch 스틱을 앞으로 조작하여 일정한 속도로 전진한다.

② 50m 지점에 도착하면 5초간 "정지"한다.

③ "후진" 구령 후 Pitch 스틱을 아래로 조작하여 일정한 속도로 후진한다.

④ 12시 방향(C 지점)부터 속도를 줄이기 시작하여 호버링 위치에 도착하면 5초간 "정지"한다.

3) 삼각 비행

(1) 평가 기준

① 호버링 위치(A 지점)에서 B 지점(3시 또는 9시 방향)으로 수평 비행 후 5초간 호버링

② 비행 고도에서 호버링 위치(A 지점)까지 45° 기울기로 상승 후 5초간 호버링

③ D 지점(9시 또는 3시 방향)의 설정 고도까지 45° 대각선으로 하강 후 5초간 호버링

④ 호버링 위치(A 지점)로 수평 이동하여 정지 후 5초간 호버링

(2) 감점 기준

① 각 기동 시 경로의 이탈이 없을 것(수평 이동 시 좌/우 1m 범위 이내, 상승 하강 중심선에서 사방 1m 이내)

② 이동 속도 일정하게 유지할 것(지나친 과속, 지나친 저속, 기동 중 3회 이상 정지)
③ 상승 꼭짓점의 고도는 설정 비행 고도 + 7.5m를 지킬 것(예 : 3m로 설정한 경우 10.5m)

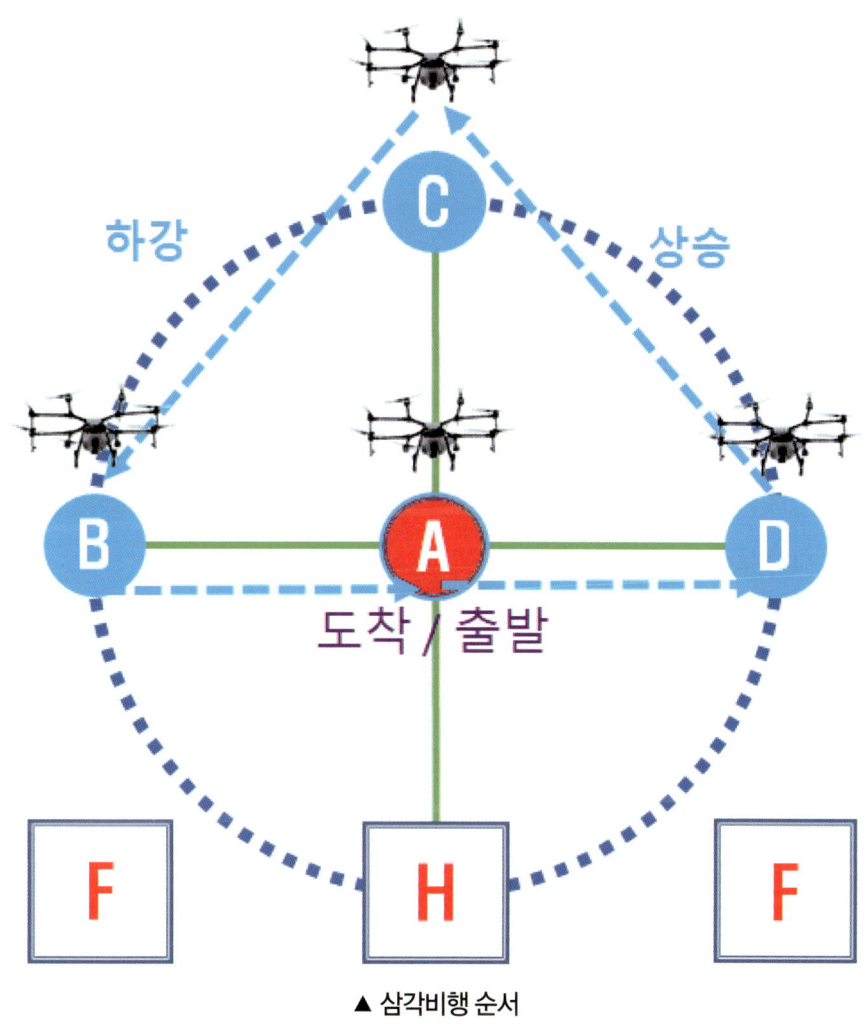

▲ 삼각비행 순서

(3) 조종법(3시 방향에서 상승하여 9시 방향으로 하강하는 방법으로 설명)

먼저 "삼각 비행" 구령을 하여 삼각 비행 과제에 진입함을 알린다.

① "3시 방향으로 이동" 구령 후 A 지점에서 B 지점까지 우측으로 Roll을 조작하고 천천히 이동하여 "정지" 구령 후 5초

② "호버링 위치로 상승" 구령 후 좌측으로 Roll을 조작함과 동시에 스로틀을 올려서 45° 기울기로 7.5m 상승하고, A 지점 10.5~12.5m 상공으로 이동하여 "정지" 구령 후 5초

③ "9시 방향으로 하강" 구령 후 좌측으로 Roll을 조작함과 동시에 스로틀을 아래로 내려 45° 기울기로 하강하여 9시 방향(D 지점) 호버링 고도로 이동하여 "정지" 구령 후 5초

④ "호버링 위치로" 구령 후 호버링 위치(A 지점)까지 오른쪽으로 수평 이동하여 "정지" 구령 후 5초

"삼각 비행 완료" 구령을 하여 삼각 비행 과제가 완료됨을 알린다.

(4) 동작별 조종법

3시에서 상승하여 9시로 하강하는 방법 기준이므로 우로 상승 / 하강하는 경우에는 반대로 적용하면 된다.

① "3시 방향으로 이동" 구령 후 Roll 스틱을 우로 조작해 3시에 도착 후 "정지" 5초

> 삼각 비행에서는 상승 및 하강의 각도의 구조가 매우 중요하다. 따라서 삼각 비행을 하기 전에는 깊게 심호흡을 하고 마음을 진정시킨 후 다음의 요소를 천천히 생각한 다음 진행하도록 한다.

㉠ 상승 시작점에 도착하면 우선 상승 꼭짓점과 하강 도착점의 위치를 천천히 쳐다보고 내가 진행해야 할 경로를 미리 마음으로 그려본다.

㉡ 기체를 움직여 상승을 시작할 때에는 기체를 중심으로 본다. 그러나 움직이기 시작하면 기체와 주위 지형지물을 동시에 볼 수 있도록 시야를 크게 보는 동시에 전체적인 시야 범위에서 기체가 미리 봐둔 상승 꼭짓점으로 정확히 45°를 그리며 진행하는지 확인해야 한다. - 기체에만 집중하면 경로가 틀어지는 경우가 매우 많으므로 이 부분에 유의하자.

▲ 삼각비행은 출발고도와 도착고도가 같아야 한다.

② "호버링 위치로 상승" 구령 후 Roll과 스로틀을 동시에 조작하여 호버링 위치(A 지점)로 7.5m 상승하고 "정지" 5초

사선 상승 동작에서는 Roll을 좌로 살짝 조작해 기체가 기우뚱하는 모양이 보이면 스로틀을 지그시 위로 밀며 다시 Roll의 힘을 빼주면서 호버링 위치로 상승해야 한다. 여기서 Roll과 스로틀의 양이 매우 중요한데 일반적으로 Roll의 양보다는 스로틀의 양이 훨씬 많아야 한다. 그 이유는 수평으로 진행하는 Roll은 기본적인 호버링을 바탕으로 동작하지만 상승을 위해 추력이 필요한 스로틀의 경우 수평 이동할 때보다 에너지가 훨씬 많이 필요하기 때문이다. 이를 이해하기 쉽게 수치로 표현하면 다음과 같다.

동작	정지	시작~0.5초	0.5~1.5초	상승 중	도착
Roll	0	좌 4	좌 2	좌 2	0
스로틀	0	상 2	상 4	상 4	0

위의 표와 같이 조작하게 되면 상승을 시작하여 1초 정도까지는 기체가 다소 좌로 기운 것처럼 보이지만 약 2초 후 상승 중에는 거의 수평 상태에서 대각선으로 상승하는 모양을 보이게 된다.

만약 상승 중 기체가 기울어진 상태를 유지한다면 상승각이 매우 약해지고 결국 도착점에서는 필요한 고도를 얻지 못하게 된다.

조작량을 0~10으로 가정했을 때 최적의 조작량은 스로틀 4, 에일러론 2의 비율로 보았다.

	조작	상태	개선책
①	스로틀	너무 많음 (7)	많이 적게 (-3)
	Roll	너무 적음 (1)	조금 많게 (+1)
②	스로틀	적음 (2)	조금 더 많게 (+2)
	Roll	너무 적음 (1)	조금 많게 (+1)
③	스로틀	너무 많음 (7)	많이 적게 (-3)
	Roll	너무 많음 (5)	많이 적게 (-3)
④	스로틀	적음 (2)	조금 더 많게 (2)
	Roll	너무 많음 (4)	조금 더 적게 (-2)
⑤	스로틀	너무 적음 (1)	많이 많게 (+3)
	Roll	조금 많음 (3)	조금 적게 (-1)

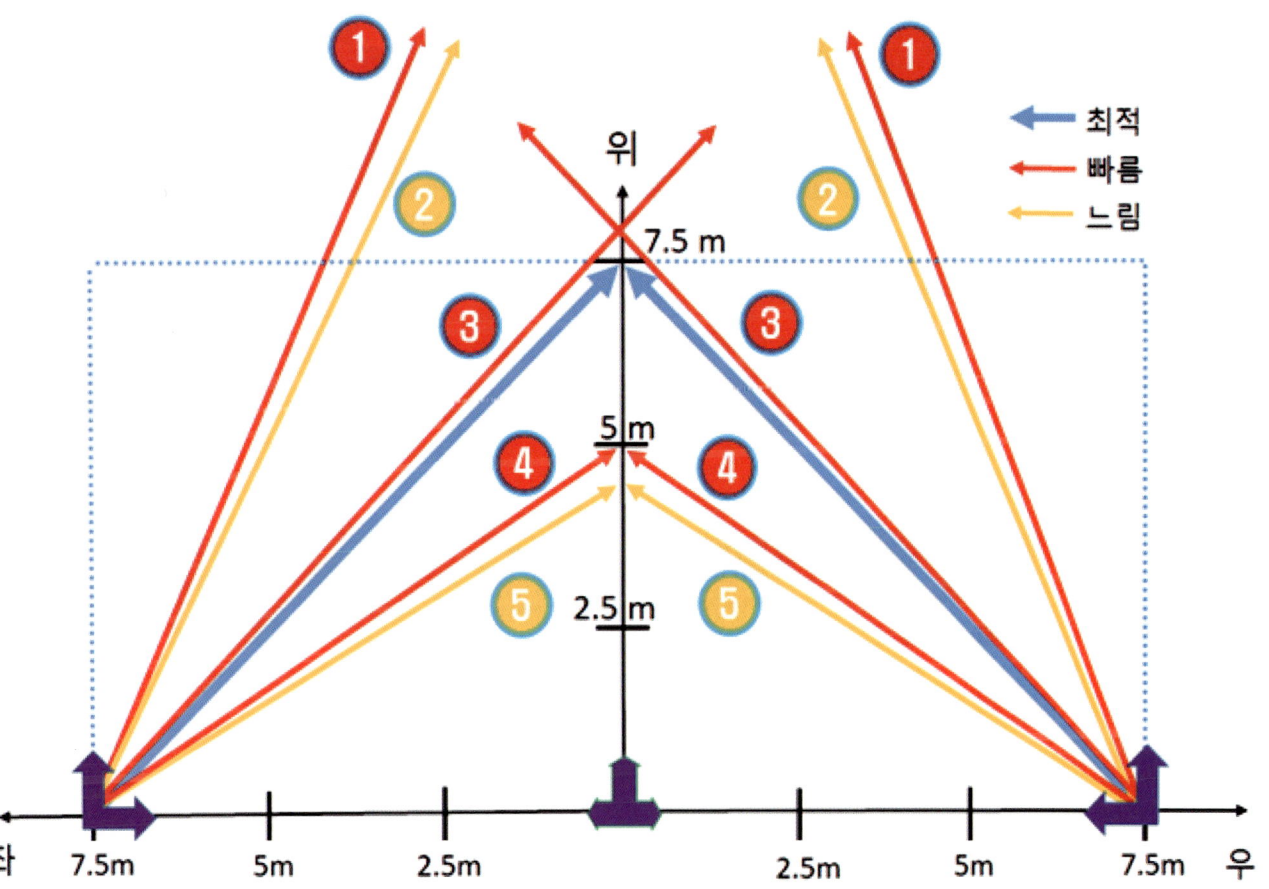

▲ 삼각 비행의 상승 비행 시 조작량에 따른 비행 패턴

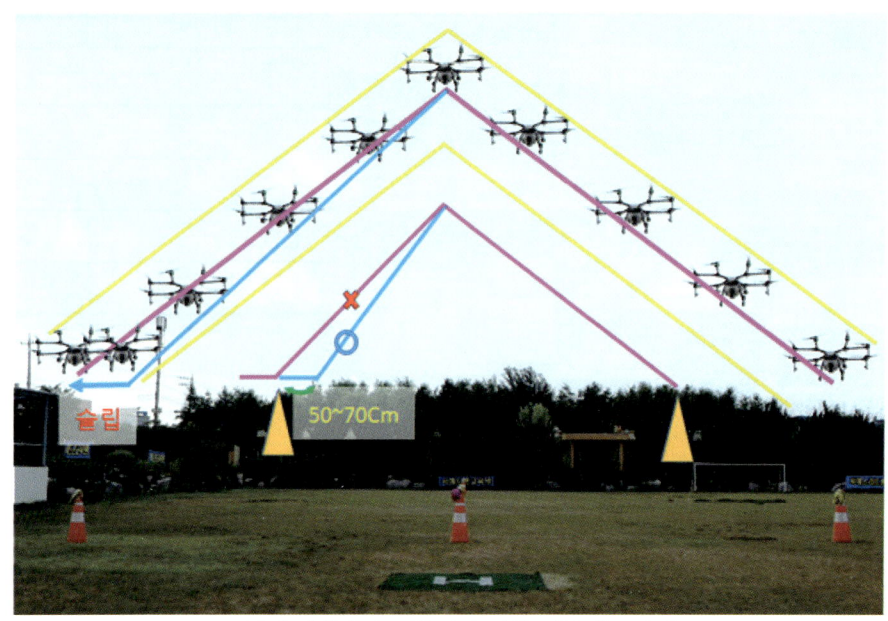

▲ 삼각 비행에서 도착 시 슬립을 이용하는 방법

◆ 삼각비행에서 가장 많이 발생하는 오류 유형

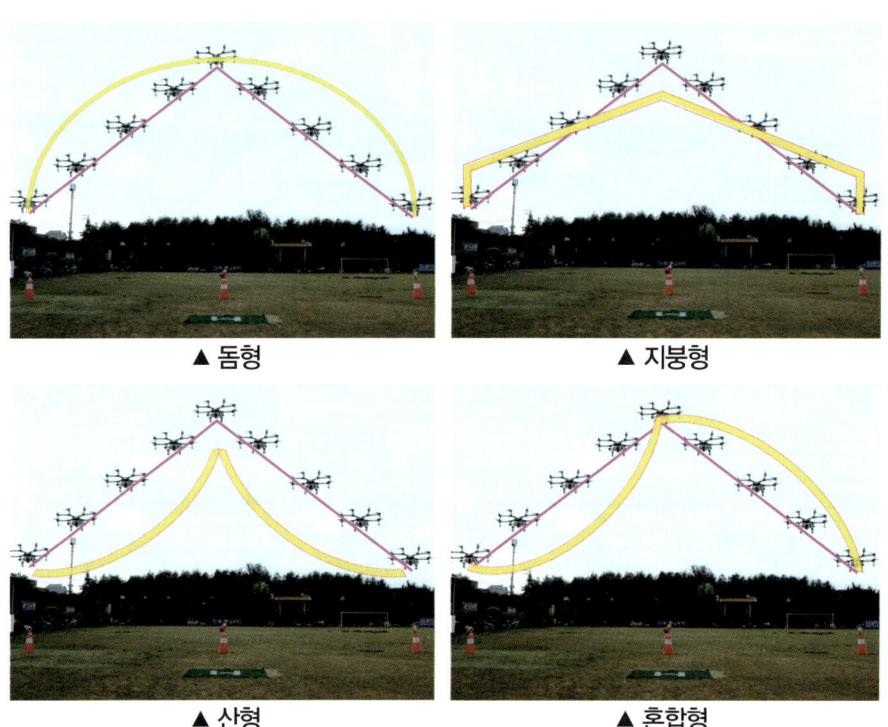

▲ 돔형   ▲ 지붕형

▲ 산형   ▲ 혼합형

4) 원주 비행

(1) 평가 기준

① H 지점(이륙장)으로 이동하여 기수를 우(좌)로 90° 회전한 후 5초간 호버링

② H ⇒ B ⇒ C ⇒ D ⇒ H 순으로 반경 7.5m의 원주를 그리며 러더 턴으로 비행하고 H 지점에 정지 후 5초간 호버링

③ 기수를 전방으로 향하게 하여 정지 후 5초간 호버링

(2) 감점 기준

① 고도 변화(상 / 하 0.5m 이내) 없을 것, 경로 이탈(좌 / 우 1m 이내) 없을 것

② 이동 속도 일정하게 유지할 것(지나친 과속, 지나친 저속, 기동 중 3회 이상 정지)

③ 기수 방향 유지 - 회전하는 원주를 정면으로 하고 진행해야 하며, B 지점 후면(90°), C 지점 측면(180°), D 지점 정면(270°), H 지점 측면(360°)을 정확하게 통과해야 함

④ 기동 중 급조작, 과도한 Roll 조작이 없을 것

⑤ H 지점 접근 시 안전 거리 유지(15m)할 것

⑥ H 지점에서 기수 정렬 시 착륙장을 이탈하지 말 것

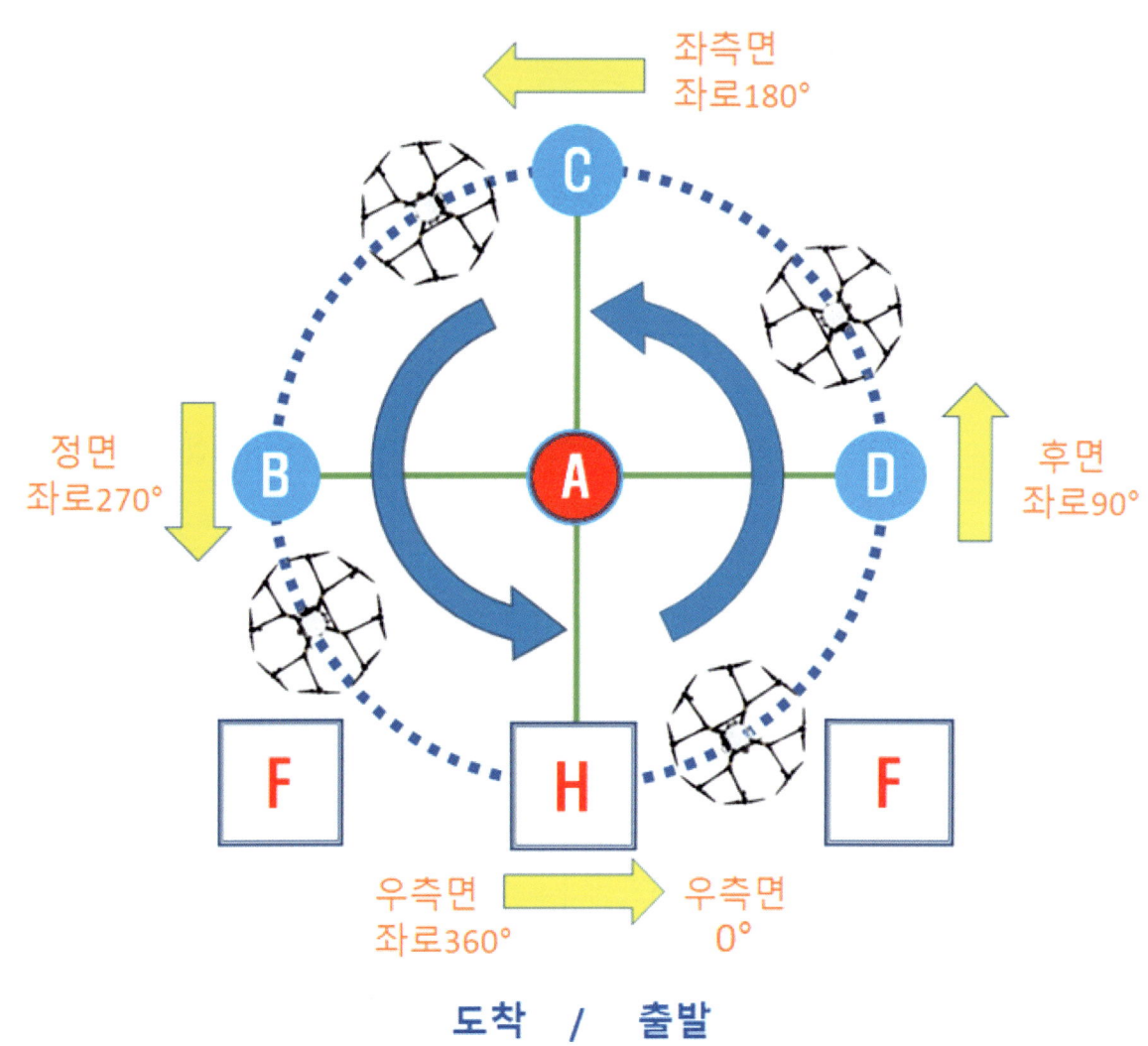

▲ 원주비행 방법

(3) **조종법**(우측으로 회전 / 반시계방향 기준)

> 먼저 "원주 비행" 구령을 하여 원주 비행 과제에 진입함을 알린다.

① "원주 비행 위치로" 128구령 후 착륙장으로 이동하여 "정지" 후 5초

② "원주 비행 준비" 구령 후 90° 우로 회전하여 "정지" 후 5초

③ "원주 비행 출발" 구령 후 Pitch / Yaw 스틱을 부드럽게 조작하여 3시(B), 12시(C), 9시(D) 지점을 거쳐 착륙장으로 돌아와 "정지" 후 5초

④ "기수 전방(기수 정렬 / 후면 호버링)" 구령 후 90° 좌로 회전하여 "정지" 후 5초

"원주 비행 완료" 구령을 하여 원주 비행 과제가 완료됨을 알린다.

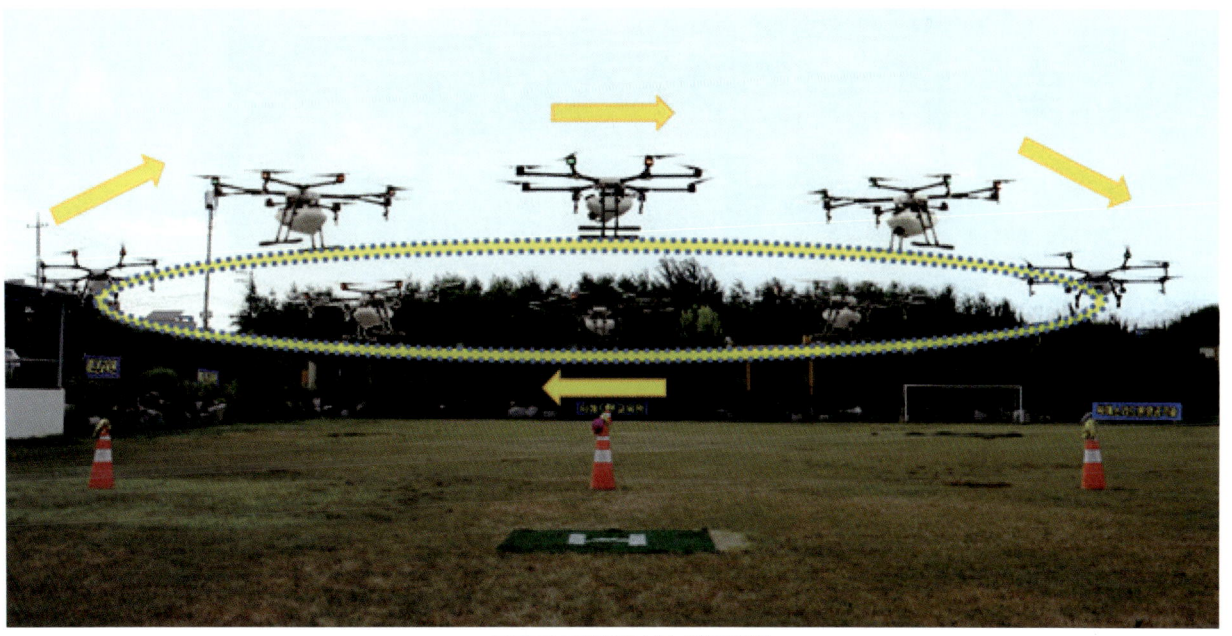

▲ 조종자 위치에서 본 원주비행

(4) 동작별 조종법(우측으로 회전 / 반시계방향 기준)

① 이착륙장에서 "원주 비행 준비" 구령에 우측 호버링 후 5초간 정지

② "원주 비행 출발" 구령에 Pitch 스틱을 살짝 밀었다가 힘을 약간 빼면서 전진

※ 전진 시 기체가 움직이기 시작하면 바로 Yaw 스틱을 좌로 조작하여 약 30°가량 좌회전시키면서 시작하면 기체가 밖으로 밀려나가는 현상을 줄일 수 있다.

> 기체의 속도가 과도하게 빠르면 원심력에 의해 Yaw 동작만으로는 원주 비행을 정상적으로 진행할 수 없다. 따라서 반드시 Roll 스틱을 함께 (원의 중심 방향으로) 조작해야 한다.

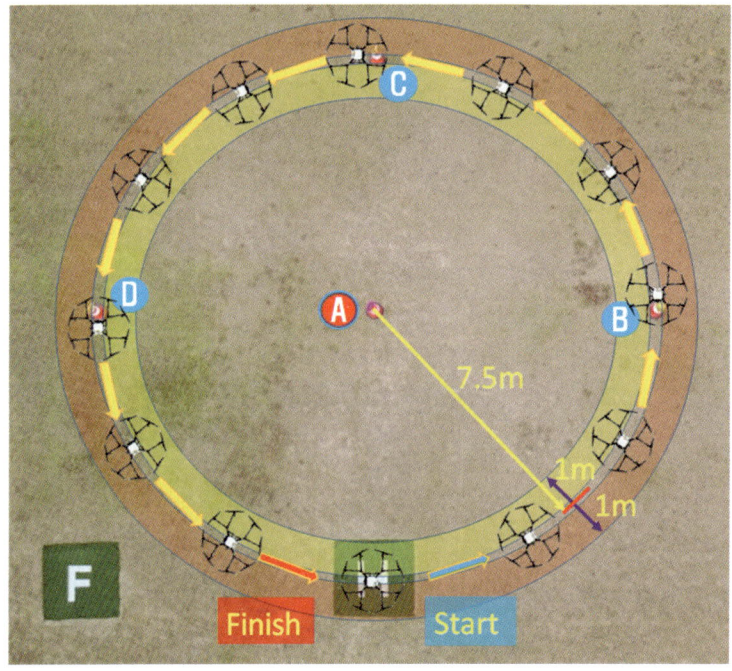

▲ 하늘에서 본 원주비행

> **비법전수 TIP**
>
> **전진 속도를 약하게 하는 방법**
> ① Pitch 스틱을 살짝 밀었다가 기체가 움직이기 시작하면 힘을 거의 빼서 속도의 탄력을 약하게 하여 계속 진행하는 방법(연습이 많이 필요하다.)
> ② Pitch 스틱을 살짝 밀었다가 기체가 움직이면 스틱을 놓아 정지하는 동작을 취하되, 기체가 완전히 정지하기 전에 다시 Pitch 스틱을 밀어주고 다시 놓고를 반복하여 전진하는 방법(초보자에게는 쉽다. 하지만 완전한 정지를 3번 이상 하게 되면 실기위원의 평가 대상이 되어 불합격 처리되므로 타이밍을 잘 맞추어야 한다.)

5) 비상 조작

(1) 평가 기준

① 기준 고도에서 2m 상승 후 호버링(5초대기)

② 실기 평가위원의 "비상" 구령에 따라 평상 기동 시보다 1.5배 이상의 빠른 속도로 비상 착륙장으로 하강한 후 1m 이내의 고도에서 잠시 정지(완충) 및 위치 수정 후 착륙

(2) 감점 기준

① 하강 기동 시 하강 동작이 멈추거나 고도가 상승하는 경우

② 비상 조작 시작점에서 착륙장까지 최단 경로(직선)로 하강할 것

③ 착륙 전 일시 정지는 착륙장 지면으로부터 1m 이내만 가능하고 잠시 정지(2초 이내) 후 곧바로 착륙할 것

④ 랜딩 기어 기준 비상 착륙장 이탈이 없을 것

⑤ 하강 및 착륙 기동 시 조종자와의 안전 거리(15m) 유지할 것

⑥ 하강 및 착륙 조작 시 기수는 전방을 유지할 것

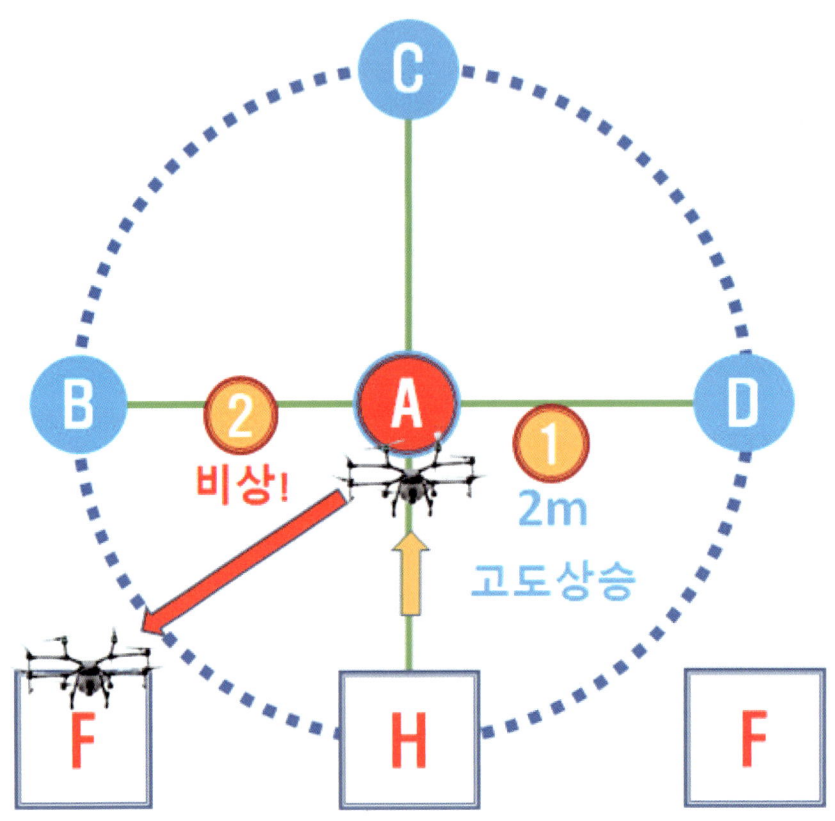

▲ 비상착륙 비행 순서

(3) 조종법

"비상 착륙" 구령을 하여 비상 착륙 과제에 진입함을 알린다.

① "비상 착륙 2m 고도 상승" 구령 후 스로틀을 조작하여 2m 상승하고 기준 고도+2m 위치에 "정지" 후 평가위원의 "비상" 구령 대기

② 평가위원의 "비상" 구령에 "비상"으로 복창하고 Roll과 스로틀을 동시에 조작하여 비상 착륙장 1m 고도에 정지한다.

③ 기체가 완전히 정지한 후 신속히 비상 착륙장 내에 착륙한다.

④ 착륙이 완료되면 시동이 꺼질 때까지 스로틀을 0 위치로 유지한다. "비상 착륙 완료" 구령을 하여 비상 착륙 과제가 완료됨을 알린다.

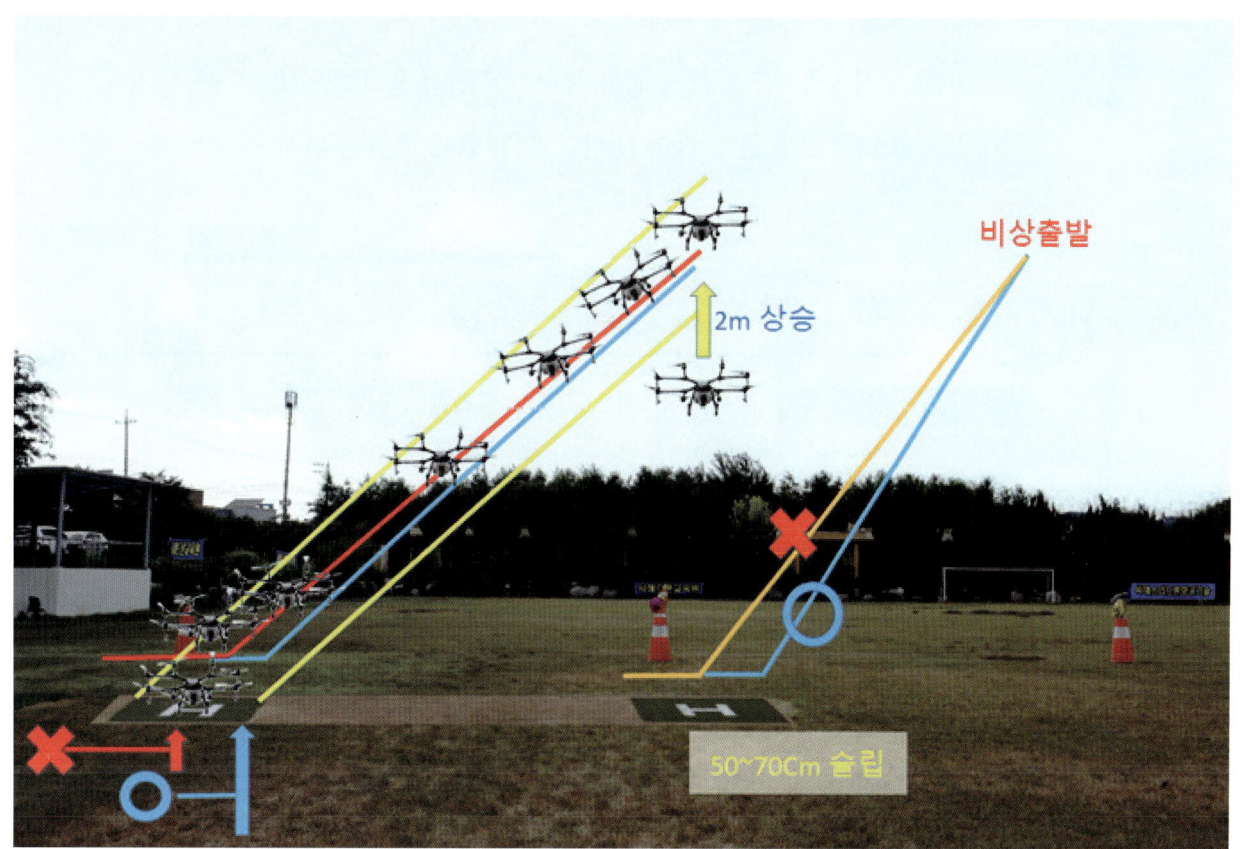

▲ 슬로우 컷으로 본 비상착륙

(4) 동작별 조종 방법

> 좌측 방향으로 비상 착륙하는 방법을 작성하였으므로 우측 방향으로 비상 착륙하는 경우는 반대로 적용하면 된다.

① 평소보다 빠른 속도로 2m 고도 상승
② 비상 출발 고도에 이르면 "정지"를 외치고 비상 착륙을 진행할 경로를 미리 눈여겨 본다.
③ 평가위원의 "비상" 구령을 복창하고 먼저 Roll 스틱을 강하게 조작하고 스로틀을 많이 내린다. 이때 Roll 스틱은 다시 약하게 복귀시킨다.

동작	정지	시작 ~0.5초	0.5~1초	하강 중	도착 1초 전	도착
Roll	0	좌7	좌3	좌2	좌1	우로 브레이크 - 즉시 정지 0 - 좌로 50~70cm 슬립
스로틀	0	하3	하6	하6	하2	0

④ 비상 착륙장 약 1m~0.5m 고도에서 스로틀을 0으로 위치하여 하강 속도를 완전히 멈추었다가 수직으로 하강 동작을 통해 착륙한다.(위치 이탈 시 Pitch와 Roll을 사용하여 즉시 착륙장 안으로 이동시킨 후 착륙한다.)
⑤ 착륙장에 안전하게 착륙하면 스로틀을 0점에 놓고 3초 이상 대기하여 모든 로터가 정지할 때까지 기다린 후 "비상 착륙 완료" 구령으로 마친다.

> **비법전수 TIP**
>
> **비상착륙 시 정지위치 잡기**
>
> ① 필자의 경험으로 보아 기수를 전방으로 정확하게 유지하고 정상 범주의 각으로 하강하였다면 1m 이내의 고도에서 스로틀을 0으로 하는 순간 기체는 약 50~70cm 좌로 슬립하게 된다. 만약 하강 속도가 빠르다면 기체는 순식간에 착륙장 왼쪽 바깥으로 빠져나가게 되므로 즉시 오른쪽 방향으로 브레이크를 잡는다. 그리하여 기체가 오른쪽으로 기울어진 상태에서 좌로 이동 속도가 0이 되면 즉시 Roll 스틱을 놓아 정지시키고 바로 착륙하면 된다. 또한 과도하게 빠른 속도로 하강하지 않았다면 착륙장의 중심을 기준으로 우측 50~70cm 부분을 향해 하강한 후 스로틀을 중립으로 하면 기체는 자연스럽게 좌로 Slip(슬립)하여 스스로 착륙장의 중심에 위치하게 된다.
> ② 필자는 1m 이내의 정지 위치를 40~70cm 범위(또는 기체의 높이)로 보고 있으며 이는 무릎에서 가랑이 아래 부근까지의 높이에 해당한다. 반복적으로 비상 착륙을 연습하여 어느 정도의 실력이 잡혔다면 1m 높이에서 정지하는 것보다 무릎~가랑이 사이에 정지하는 것이 오히려 훨씬 쉽게 여겨지기 때문이다(40~70cm는 평가 기준의 인정 범위에 포함되는 범위이다).

4. 착륙 조작

1) 정상 접근 및 착륙(Atti-Mode / 애띠 모드 / 자세 모드)

(1) 평가 기준

① 비상 착륙장에서 이륙 후 기준 고도로 상승하여 5초간 호버링

② 이착륙장까지 직선으로 수평 비행, 5초간 호버링 후 착륙

(2) 감점 기준

① 이륙 시 3가지(기수, 고도 유지, 위치) 이탈하지 않을 것

- **기수** : 전방(좌 / 우) 15° 이내
- **고도** : 기준 고도 상 / 하 0.5m 이내
- **위치** : 기체의 중심이 착륙장 중심 사방 1m 이내

② 상승 / 이동 간 속도 일정하게 유지할 것(지나친 과속, 지나친 저속, 기동 중 3회 이상 정지)

③ 착륙 기동 시 지면 부근(1m 이내)에서 1회에 한하여 위치 수정 가능 (5초 이내)

④ 기체 중심 기준 착륙장 범위를 벗어나지 말 것(가로×세로 = 2m×2m)

⑤ 조종자와 기체의 안전 거리(15m) 유지할 것

⑥ 상승 / 이동 / 착륙 동작이 유연하고 조종간 조작이 원활할 것

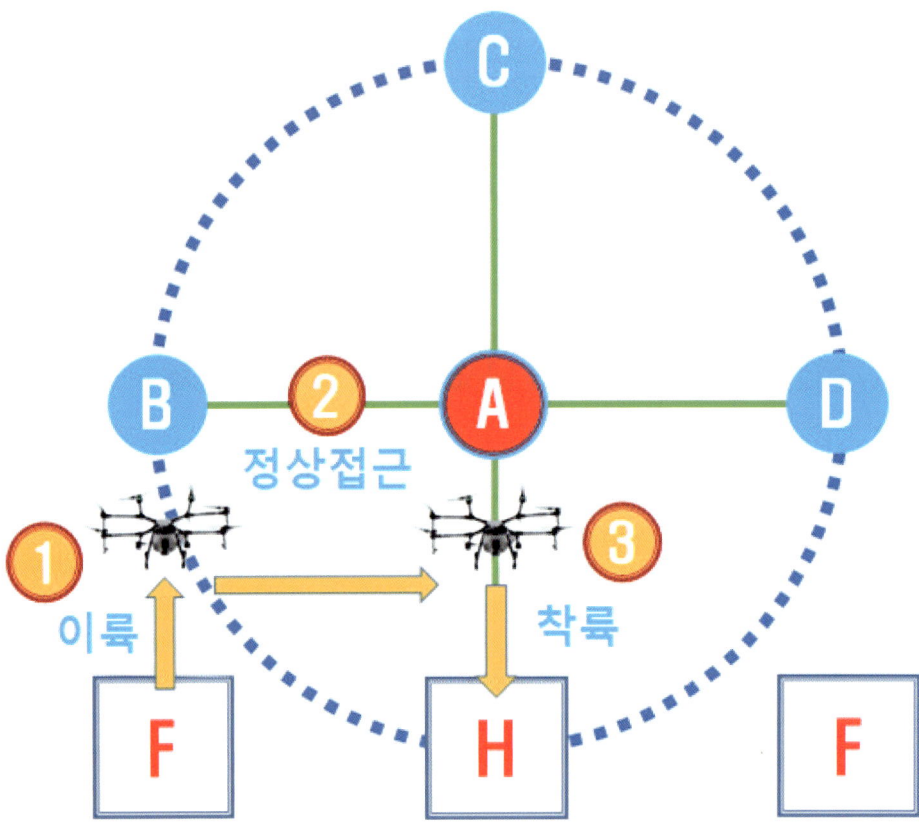

▲ 정상접근 및 착륙 비행 순서도

(3) 조종법

"애띠모드 전환" 구령에 토글 스위치를 Ⓐ 위치로 전환하고 기체 FC의 LED 시그널 색상이 애띠 모드로 확인되면 "애띠 모드 확인" 구령 후 "정상 접근 및 착륙" 구령으로 정상 접근 및 착륙 과제 시작을 알린다.

① "시동" 구령으로 스로틀을 조작하여 시동 후 "이륙" 구령으로 기준 고도까지 상승하고 "정지" 구령으로 5초간 호버링한다.

② "정상 접근" 구령으로 Roll 스틱을 우로 조작하여 이착륙장으로 이동한다.

③ "정지" 구령으로 착륙장 위에서 정지하여 5초간 호버링 한 후 "착륙" 구령으로 스로틀을 내려 착륙한다.

④ 1m 이내의 고도에서 잠시 정지 후 착륙장에 안전하게 착륙하면 스로틀을 0점에 놓고 3초 이상 대기한다. 모든 로터가 정지할 때까지 기다린 후 "정상 접근 및 착륙 완료" 구령으로 마친다.

▲ 슬로우 컷으로 본 정상 접근 및 착륙

(4) 동작별 조종 방법

> 좌측 방향으로 비상 착륙하여 우측으로 정상 접근 및 착륙하는 방법을 작성하였으므로 우측 방향으로 비상 착륙한 경우는 반대로 적용하면 된다.

① 시동 후 상승 시 3가지를 확인(위치, 기수, 고도)

- 위치 : 착륙장 가로×세로 2m의 범위 내에서 상승해야 한다.
- 기수 : 기수는 전방을 향하되 좌우로 15° 이상 기울어지지 않아야 한다.
- 고도 : 최초 비행 고도로 설정하여 시험을 진행하던 고도와 같아야 한다.

② 비행 고도에 도달하여 정지하여 5초간 호버링한다.
(사실상 초보 조종자들에게는 정지라는 개념보다는 '버티기' 수준의 비행이다.)

> 애띠 모드는 지속적으로 조종 스틱을 제어해야만 제자리 비행이 가능하므로 과제가 끝날 때까지는 Roll / Pitch 스틱이 쉴 새 없이 움직이게 된다.

비법전수 TIP

애띠 모드에서의 비행

가능하면 정지 고도에 도달하는 즉시 "정지" 구령을 외치고 5초간 정지 카운트를 진행한 후 지체 없이 정상 접근 동작으로 이어지는 것이 과제를 쉽게 마칠 수 있는 방편이 될 수 있다. 애띠 모드에서는 시간을 오래 끌면 끌수록 조종자의 피로 가중 및 집중력 저하로 이어지고 결국은 좋지 않은 시험 결과와 사고로 이어질 수 있기 때문이다.

③ 정상 접근 시 특히 '안전 거리 미확보'에 걸리지 않도록 앞 / 뒤 방향 거리에 신경 쓰며 이착륙장으로 접근해야 한다.

④ 이착륙장 위에 도착하면 지체 없이 "정지"를 외치고 5초간 호버링(사실상 버티기)을 하고 바로 이어서 "착륙" 구령과 함께 일정한 속도로 쉬지 않고 계속 하강한다. 그렇게 착륙장 중심을 향해 기체를 조금씩 제어하여 착륙장 중심에 위치시키면서 하강한다.

⑤ 착륙장 50~70cm 지점에서 눈으로 확인될 정도의 시간 동안 잠시 정지한 후 바로 착륙한다. 이때 절대로 키를 치면 안 된다. 기체를 잡고 착륙시켜야 한다.

> **비법전수 TIP**
>
> **키를 친다? / 잡는다?**
>
> ※ 키(스틱)를 친다 : Roll / Pitch 스틱의 위치와 상관없이 기체가 어느 한 방향으로 흐르는 상태를 '키를 친다'고 말한다.
>
> ※ 키를 잡는다 : Roll / Pitch 스틱의 위치와 상관없이 기체가 어느 방향으로도 흐르지 않는 상태를 '키를 잡는다'고 말한다. 바람이 부는 경우 기체는 바람이 불어오는 방향으로 기울어진 상태에서 제자리에 머물며, Roll / Pitch 스틱 또한 바람의 방향으로 기울어져 있게 된다.

2) 측풍 접근 및 착륙

(1) 평가 기준

① 이륙장에서 기준 고도까지 이륙 후 기수 전방 상황에서 B(또는 D) 지점까지 직선 경로로 이동하여 5초간 호버링

② 바람 방향으로 기수를 90° 전환(B는 좌, D는 우)하여 "측풍 대응" 자세로 5초간 호버링

③ 측면 상태에서 착륙장까지 직선 경로로 수평 비행하여 착륙장 위에서 5초간 호버링 후 착륙

(2) 감점 기준

① 이륙 시 3가지(기수, 고도 유지, 위치)를 이탈하지 않을 것

기수	전방(좌/우) 15° 이내
고도	기준 고도 상/하 0.5m 이내
위치	기체의 중심이 착륙장 중심 사방 1m 이내

② 수평 이동 간 경로 이탈 없을 것(최단 거리 직선에서 좌우로 1m 이내)

③ 상승/하강/이동 간 속도 일정하게 유지할 것(지나친 과속, 지나친 저속, 기동 중 3회 이상 정지)

④ 착륙 기동 시 지면 부근(1m이내)에서 1회에 한하여 위치 수정 가능 (5초 이내)

⑤ 기체 중심 기준 착륙장 범위를 벗어나지 말 것(가로×세로 = 2m×2m)

⑥ 조종자와 기체의 안전 거리(15m) 유지할 것

⑦ 상승/이동/착륙 동작이 유연하고 조종간 조작이 원활할 것

chapter 02 실기시험

위치 이름	위치 설명	위치 이름	위치 설명
P	Pilot / 조종자	D	삼각 비행 하강 도착점 원주 비행 3 통과 지점
A	호버링 위치	E	직진 비행 정지 지점 A로부터 50m 전방
B	삼각 비행 상승 시작점 원주 비행 1 통과 지점	F	비상 착륙장 (좌 / 우 각 1개소)
C	삼각 비행 상승 꼭짓점 원주 비행 2 통과 지점(12시)	H	Heliport 이착륙장

※ 삼각 / 원주 비행 시 B C D 순서는 좌 / 우 방향 조종자의 선택에 따라 바뀐다.
※ 비상 착륙장 F 는 조종자가 좌 / 우 선택하여 착륙한다.
※ 측풍 위치는 조종자가 B D 중 선택한다.

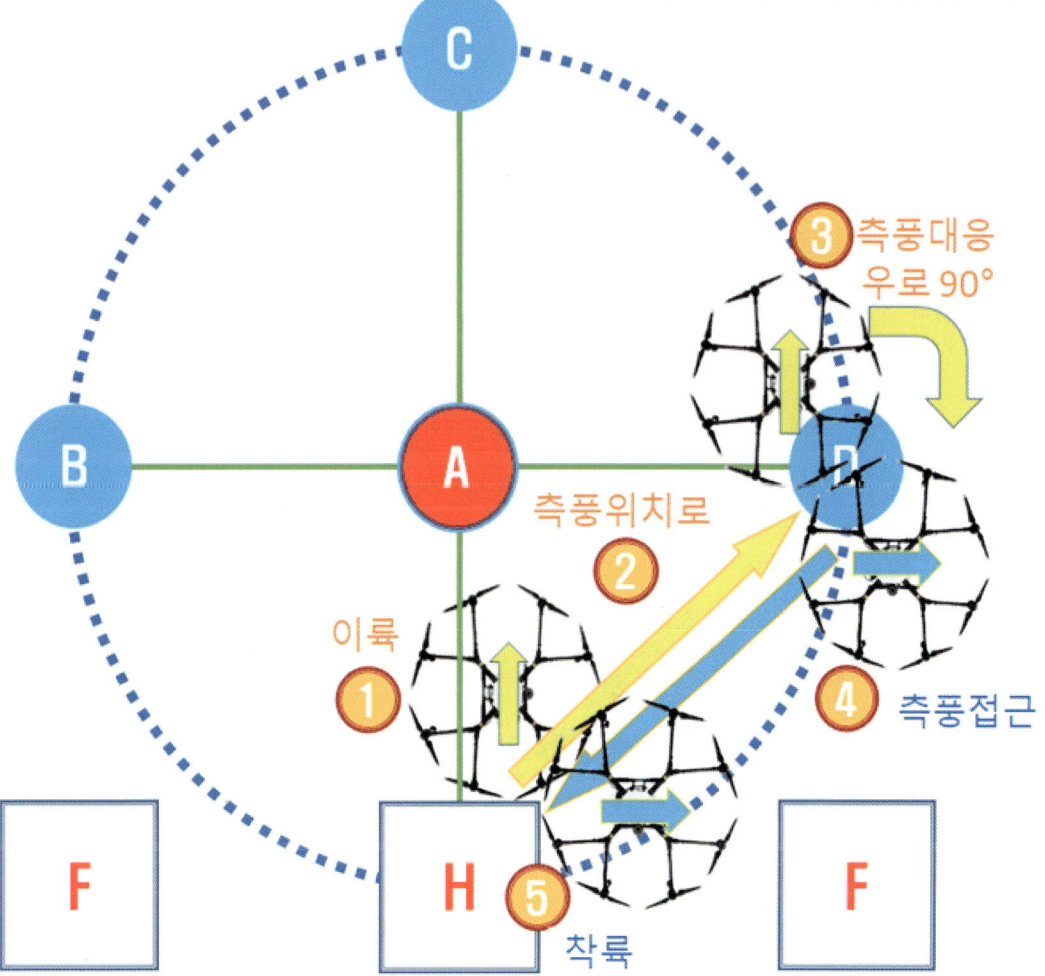

▲ 측풍비행 순서도

02 실기시험 주요 내용 · 139

(3) 동작별 조종 방법

> 측풍 위치를 우측 방향으로 이동하여 측풍 대응 및 접근하는 방법으로 작성하였으므로 좌측 방향으로 측풍 비행을 하는 경우는 반대로 적용하면 됨

① "시동" 후 "이륙"하여 비행 고도에 도달하면 "정지" 구령 후 5초간 호버링

> 이륙 시 (위치, 기수, 고도) 확인할 것
> - 위치 : 착륙장 가로×세로 2m의 범위 내에서 상승해야 함
> - 기수 : 기수는 전방을 향하되 좌우로 15° 이상 기울어지지 않아야 함
> - 고도 : 최초 비행 고도로 설정하여 시험을 진행하던 고도와 같아야 함

② "측풍 위치로~ 3시 방향" 구령으로 3시 방향의 러버콘 ❶를 향해서 최단 거리 직선(Pitch / Roll 스틱의 이론상 1시 30분 방향 / 45°)으로 이동하여 러버콘 위에 "정지" 후 5초간 호버링

③ "측풍 대응 / 우측 호버링" 구령으로 기체를 우로 90° 회전하여 "정지" 후 5초간 호버링

④ "측풍 접근" 구령으로 기체를 우측 후방(Pitch / Roll 스틱의 이론상 4시 30분 방향 / 45°)을 통해 착륙장을 향하여 최단 직선 거리로 접근하고 착륙장 위에 "정지" 후 5초간 호버링

⑤ "착륙" 구령으로 천천히 하강하여 착륙장 50~70cm 지점에서 눈으로 확인될 정도의 시간 동안 잠시 정지한 후 바로 착륙

▲ 측풍위치로 이동(후면 45° 사비행)

▲ 측풍접근(우측면 45° 사비행)

> **비법전수 TIP**
>
> ### 측풍 잘하기
>
> ① 측풍 대응 시 우측면은 조종석에서 보았을 때 약간 더 회전한 모양이 정상이다(약 10°).
> ② 착륙장으로 접근 시 Pitch / Roll 스틱을 동시에 조금씩 흔들면서 조종하면 정확한 방향을 가늠하기 쉽다(너무 크게 흔들면 계단 또는 지그재그 형태가 되므로 주의).
> ③ 착륙장에 도착하면 기체의 전 / 후 방향(조종자가 볼 때는 좌우 방향)을 기체 중심에 정확히 맞추면서 방향이 틀어진 경우 Yaw를 조정하여 정확한 우측면을 만들어 준다.
> ④ 착륙 동작에서 일정한 속도로 계속 하강할 때 만약 착륙장보다 약간 멀면 Roll을 우로, 약간 가까우면 좌로 아주 조금씩 반량 수정하면서 이동하면 착륙장에 맞추기 쉽다.
> ⑤ 측풍 접근 시 바람이 불면 바람이 불어오는 쪽의 스틱은 조금 더 강하게 조작하고 바람이 불어가는 쪽의 스틱은 조금 더 약하게 조작하면 대각의 직선 접근이 보다 용이해진다.
> - 조종자를 중심으로 좌에서 우로 불 때 : Pitch 스틱을 조금 더 많이 조작
> - 우에서 좌로 불 때 : Pitch 스틱을 조금 적게 조작
> - 조종자의 후방에서 전방으로 불 때 : Roll 스틱을 조금 더 많이 조작
> - 전방에서 후방으로 불 때 : Roll 스틱을 조금 적게 조작

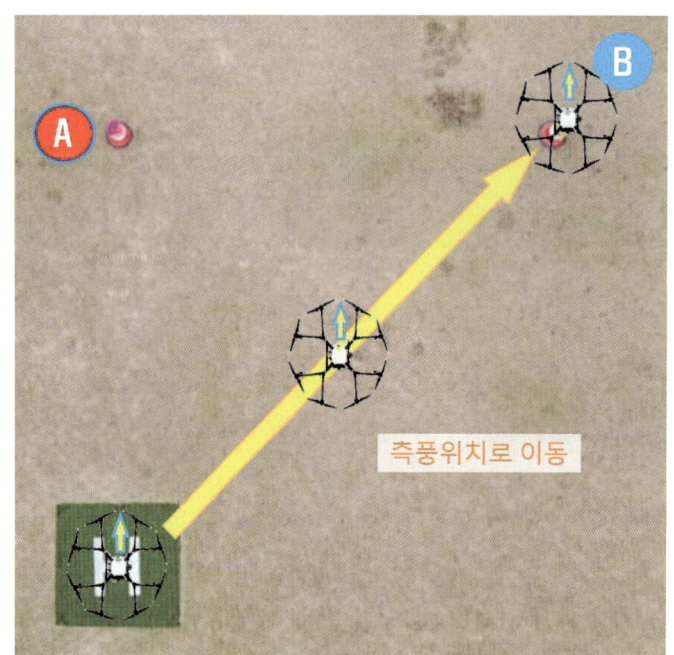

▲ 하늘에서 본 측풍위치로 비행

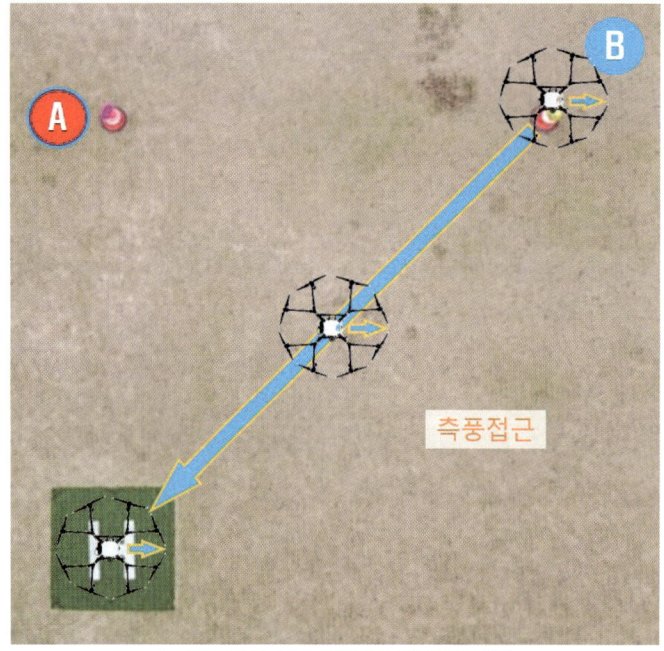

▲ 하늘에서 본 측풍접근 및 착륙비행

chapter 02 실기시험

🔹 조종기 조작

▲ 측풍위치로 이동시 조종기 조작

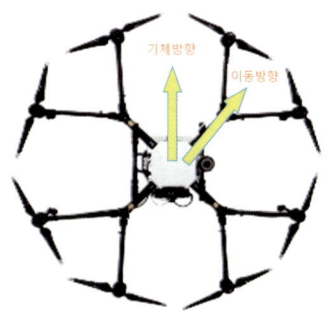

▲ 측풍위치로 이동시 기체방향과 이동방향

▲ 측풍접근 시 조종기 조작

▲ 측풍접근 시 조종기를 우로 돌려 보기

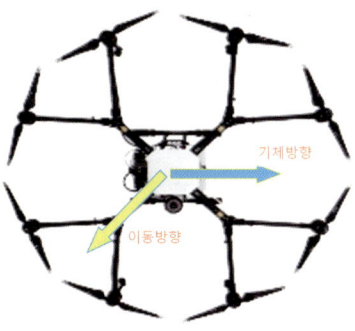

▲ 측풍접근 시 기체방향과 이동방향

5. 비행 후 점검

1) 비행 후 점검

(1) 비행 후 점검 시 구령 일람

순서	구령	내용
1	비행 후 점검 위치로	조종기, 배터리 케이스, 체크 리스트를 들고 비행장 입장
2	배터리 분리	비행용 메인 배터리의 전원 커넥터를 기체에서 분리 • 변속기 또는 수신기 전원 보드가 분리된 경우 반드시 수신기(FC)가 있는 쪽의 전원을 나중에 분리한다. • 전원 분리는 +(빨강) ⇒ -(검정) 순으로 한다.
3	조종기 전원 Off	조종기의 전원을 Off하고 정상적으로 꺼진 상태 확인
4	아워미터 확인 (00시간 00분)	조종기 전원 Off 후(Back Up 배터리가 없는 아워미터는 전원 Off 전) 아워미터의 시간을 읽고 체크 리스트에 기록한다.
5	기체 점검 (이상 무)	프로펠러 – 모터 – 모터 베이스 – 변속기 – 암대 – GPS 안테나 – 프레임 – 랜딩 스키드 이상 유무 확인
6	배터리 탈거	메인 배터리를 기체에서 제거
7	배터리 점검	배터리 커넥터 연결 상태, 배부름 상태 확인 "이상 무"
8	조종자 퇴장	"비행 후 기체 점검 완료" 구령으로 비행장 밖으로 퇴장
9	비행 기록부 작성	비행 기록부에 날짜, 비행시간, 비행 장소, 비행 목적을 작성하고 조종자와 교관이 서명 날인한다.

chapter 02 실기시험

(2) 비행 기록부 작성

[작성 예]

초경량비행장치 비행 기록부

기종 : CERES 10S-EDU   신고 번호 : S7800S

월/일	이륙		착륙		비행시간	누적 비행 시간	비행 목적	특이 사항	조종자	확인	확인관
	시각	장소	시각	장소							
12/25	12:34	명지	12:49	명지	0.25	123.49	조종 교육	원주 비행	김조종	서명	이교관
/											
/											

① **기종** : 초경량비행장치 신고 증명서에 기재된 형식명

② **신고 번호** : 초경량비행장치 신고 증명서의 신고 번호

③ **월 / 일** : 비행한 월 / 일 순으로 기록

④ **이륙 시각 · 장소** : 비행 시작 시각 및 장소를 기록

⑤ **착륙 시각 · 장소** : 비행 종료 시각 및 장소를 기록

⑥ **비행시간** : 비행한 시간을 1시간의 백분율(%)로 계산하여 소수점 이하 2자리까지 기재

> 예 5분은 1 / 12시간이므로 0.0833시간이다. 따라서 0.08시간으로 기록한다. 또한 15분은 1 / 4시간이므로 0.25시간으로 기재하고 소수점 3자리부터는 절사한다.(지도조종자 또는 교육원에 따라 소수점 이하 첫째 자리까지만 쓰는 경우도 있다.)

🔵 비행시간 환산표

분(Minutes)	시간(Hour)	기록(Log)	분(Minutes)	시간(Hour)	기록(Log)
3	0.05	0.05	17	0.2833	0.28
4	0.0667	0.06	18	0.3	0.3
5	**0.0833**	**0.08**	19	0.3167	0.31
6	0.1	0.1	**20**	**0.3333**	**0.33**
7	0.1167	0.11	21	0.35	0.35
8	0.1333	0.13	22	0.3667	0.36
9	0.15	0.15	23	0.3833	0.38
10	**0.1667**	**0.16**	24	0.4	0.4
11	0.1833	0.18	**25**	**0.4167**	**0.41**
12	0.2	0.2	26	0.4333	0.43
13	0.2167	0.21	27	0.45	0.45
14	0.2333	0.23	28	0.4667	0.46
15	**0.25**	**0.25**	29	0.4833	0.48
16	0.2667	0.26	**30**	**0.5**	**0.5**

⑦ **누적 비행시간** : 기체 출고 후 누적된 총 비행시간을 기재

- Hour-meter가 설치된 기체는 그 시간을 기재한다.

⑧ 비행의 목적을 기재

- 조종 교육, 방제(훈련), 항공 촬영, 측량, 탐사 등 실제 비행의 목적을 기재한다.

⑨ **특이 사항** : 비행에서의 세부 사항 또는 특이점이 있는 경우 기재

- 조종 교육의 경우 교육에서의 과제명(삼각 비행, 원주 비행 등)을 기재한다.

⑩ **조종사** : 비행을 실시한 조종자의 성명을 기재
⑪ **확인** : 조종자가 서명
⑫ **확인관** : 해당 비행의 지도조종자 또는 확인 / 감독을 담당하는 자의 서명을 기록

6. 종합 능력

1) 계획성

사람이 어떤 일을 시작할 때 순서와 절차 또는 방법을 미리 정해두고 진행하는 것을 계획성이라 한다. 이와 관련하여 무인멀티콥터 실기시험에서는 비행 전 기체 점검으로부터 비행 종료 후 점검까지 일련의 순서가 물 흐르듯 부드럽게 진행되도록 마음에 계획을 가지고 진행하는 것을 평가한다.

물론 국가자격시험이라는 부담감이 긴장을 가져오기도 한다. 그러나 어떤 진행 단계에서 다음 진행할 과제는 어떠한 것이고 그 과제를 진행하기 위해서 이번 과제를 마친 후 얼마의 시간을 보내고 어떤 태도로 임할 것인지를 계획하지 않는다면, 수험자는 더욱 당황하고 시험의 순서는 뒤죽박죽이 될 수 있을 것이다. 계획성 있는 비행은 비행 당일 조종자의 건강 상태, 기상 상황, 비행할 공역의 환경적 요소, 비행의 목적, 그리고 비행해야 할 기체의 상태까지 감안하여 전반적인 계획을 세우는 것이다.

초경량 무인멀티콥터 조종자 자격시험에 대한 계획은 시험장에 일찍 도착하여 시험장의 지형과 주변 환경을 충분히 확인하는 것이다. 이륙하여 시험

을 진행할 고도의 배경이 되는 지형지물, 50m 위치에서의 비교가 될 지형지물, 삼각 비행 시작점, 상승점, 하강점, 원주 비행 진행 시 각 포인트에서의 비교될 지형지물, 정상 접근 시 이륙 고도에서 확인 가능한 지형지물 등을 미리 확인하는 것이다. 더불어 당일의 기온과 풍향·풍속을 미리 감안하여 비행 계획을 세우는 것이다.

2) 판단력

(1) 집중력 분배(주의력 분배)

조종자의 판단력은 매우 중요한 요소이다. 특히 공중에서 날아다니는 항공기를 지상에서 제어하는 일은 쉬운 일이 아니다. 계속해서 움직이는 물체에 시선의 초점을 맞추는 것은 직접 항공기에 탑승했을 때보다 훨씬 어려운 일이다.

우리가 자동차를 타고 가면서 길에 있는 사람을 알아보는 것은 쉽고, 길에 서서 차에 타고 있는 사람을 알아보는 것은 어렵다. 이와 마찬가지로 초경량비행장치 조종에서도 동체 시력의 차이로 인해 서있는 사람이 불리해지는 상황이 적용된다. 즉 조종자는 기체를 항상 주시해야 하지만, 기체만 뚫어져라 쳐다보다 보면 오히려 주의력이 떨어질 수 있다. 그러므로 조종자는 기체와 주변 배경을 함께 번갈아보거나 겹쳐서 보는 습관이 필요하다. 이를 주의 분배 또는 집중력 분배라고 한다.

집중력을 분배하는 가장 쉬운 방법은 내 눈에 보이는 전체의 풍경과 하늘에 떠 있는 멀티콥터를 함께 보는 것이다. 처음에는 적응하기 힘들기 때문에 서로 번갈아 1~2초씩 보면서 비행을 하다 보면 쉽게 적응할 수 있다. 특히 집중력 분배는 삼각 비행의 하강점에서 그 힘을 발휘한다. 꼭짓점에서 하강한 기체가 정확하게 러버콘 위에 도착하기 위해서는 기체와 주변 배경을 번갈아 보며 집중력을 분배하는 요령이 반드시 필요하다.

(2) 초동 발견(조치)

기체의 움직임 중 조작을 해야 할 상황의 첫 움직임을 초동(初動)이라 부른다. 이를 빨리 발견하면 빠른 조치를 할 수 있게 된다. 가장 대표적인 경우로 자세 모드(Atti)에서 어떤 방향으로 바람이 불면 기체가 바람을 타고 이동한다. 이 순간을 빨리 발견한 사람과 늦게 발견한 사람의 조종량은 확연하게 차이 난다. 이것은 자동차 운전자가 커브 길을 발견하고 핸들을 일찍 돌리지 못하면, 차가 길 밖으로 튕겨나가거나 급조작을 해야 하는 것과 마찬가지이다.

(3) 반량 수정

조종자는 눈으로 기체의 움직임을 보면서 스틱을 이용해서 멀티콥터를 조종한다. 어떻게 보면 가상현실과 비슷한 상황으로 생각될 수도 있다. 그러므로 특히 측풍 비행에서 정상적인 경로로 착륙장에 접근하는 것은 쉬운 일이 아니다. 이를 조금 더 쉽게 하도록 도와주는 방법이 바로 반량 수정이다. 이론적으로 4시 30분 방향으로 조종 스틱을 놓지만 경우에 따라서는 오른쪽이나 뒤쪽 어느 한 방향으로 기체의 이동이 치우치게 된다. 이때 반대 방향으로 조작하되 생각한 만큼의 1/2을 조작하고 그 반응을 본 다음, 다시 반대 방향으로 1/2만큼 수정하기를 반복한다. 그러다 보면 조종기의 스틱은 어느 위치에 고정되고 기체 또한 안정되어 일정한 방향으로 진행하게 된다. 그러기 위해 조종자는 계속해서 기체에서 시선을 떼지 않고 보다 나은 조작이 되도록 1/2만큼의 조작을 반복하여 최적의 경로를 만들어간다.

(4) 원근감

흔히 미술 시간에 배웠던 '원근감'의 개념이 멀티콥터 조종자 시험에는 꼭 필요한 요소이다. 기체는 자기 자신보다 최소 15m 전방에 있기 때문이다. 하늘에 떠 있는 기체의 움직임을 보면서 실제 위치를 잘 가늠할 수만 있다면 조종자로서 탁월한 소질을 갖추었다고 할 수 있다.

비교대상물이 없는 공간에서 원근감을 이용하여 위치를 맞추기란 여간 어려운 일이 아니다. 실제로 러버콘이 있는 조종자 시험에서 불합격 원인은 대부분 원근감을 극복하지 못한 것이었다. 겨우 20시간의 법정 교육을 마친 초보 조종자들에게 완전한 원근감을 요구하기란 힘들다. 따라서 우선적으로 원근감에 대한 훈련은 계속 하되 다음과 같은 보조적인 도움을 받기를 권한다.

첫째, 러버콘에 꽂혀있는 술(팔랑이)을 활용하여 위치를 잡는 방법이다. 러버콘의 중심을 기준으로 기체가 위치한 반대 방향을 향해 술이 펄럭이게 되어있다. 만약 기체가 러버콘 중심과 일치하게 정지한다면 술은 러버콘 전체를 감싸듯이 매우 빠르게 펄럭이게 된다. 이 타이밍을 정지 포인트로 활용하는 것이다. 정지 지점에 다가가면서 술이 펄럭거리다가 어느 순간 러버콘을 감싸듯 펄럭이는 방향이 바뀌는 순간 정지하면 거의 성공한다.

둘째, 하늘에서 항상 비춰주는 그림자를 활용하는 방법이다. 조종자 위치에 서면 항상 그림자가 어떤 방향으로 얼마나 먼 거리에 걸치는지를 보는 것이 매우 중요하다.

사람의 키가 2m가 좀 못되기 때문에 약 3m의 고도에서 비행하는 멀티콥터는 내 몸에서 생긴 그림자의 약 1.5~2배 정도의 거리를 두며 같은 방향으로 그림자를 그려낸다. 그러므로 최초 이륙장에서 이륙하여 정지 고도를 결정할 때 그림자가 어느 방향으로 얼마나 떨어져서 맺히는지를 잘 봐두면 원근감으로만 정지 위치를 정하기 어려울 때 도움을 받을 수 있다.

3) 규칙의 준수(감점 / 실격 기준)

영역	항목	기준
지상 조작	이륙 비행	- 이륙 시 기체의 치우침(쏠림)이 없을 것 - 수직으로 상승할 것 - 상승 속도가 일정할 것(지나치게 빠르거나 느리거나 변하지 않을 것) - 기수는 항상 전방을 향할 것(15° 이내) - 측풍 비행 시 기체 자세 및 위치 유지할 것
공중 조작	공중 정지 (호버링)	- 고도의 변화가 없을 것(기준 고도에서 상 / 하 0.5m까지 인정) - 전 / 좌 / 우 호버링 시 위치 이탈 없을 것(러버콘에서 기체 중심 1m 이내)
	직진 및 후진 수평비행	- 고도의 변화가 없을 것(기준 고도에서 상 / 하 0.5m까지 인정) - 경로 이탈이 없을 것(직선 경로에서 기체 중심이 좌 / 우 1m까지 인정) - 속도 일정하게 유지할 것(지나친 빠름 / 느림, 기동 중 정지 없을 것) - 정지점 E를 초과하여 지나지 않을 것(5m까지 인정) - 기수는 항상 전방을 향할 것(15° 이내)

공중 조작	삼각 비행	- 경로 및 위치 이탈이 없을 것(직선 경로 / 러버콘에서 기체 중심 1m까지 인정) - 속도 일정하게 유지할 것(지나친 빠름 / 느림, 기동 중 정지 없을 것)
	원주 비행	- 고도의 변화가 없을 것(기준 고도에서 상 / 하 0.5m까지 인정) - 경로 이탈이 없을 것(경로에서 기체 중심이 좌 / 우 1m까지 인정) - 속도 일정하게 유지할 것(지나친 빠름 / 느림, 기동 중 정지 없을 것) - 기수 방향을 유지할 것(원주 비행 호버링 출발점에서 B / D 지점 90°, C 지점 180°) - 원주 비행 기동 중 과도한 Roll 조작이 없을 것
	비상 조작	- 하강 중 스로틀 조작에 의해 하강을 멈추거나 상승하지 않을 것(착륙 직전 완충 제외) - 하강 조작은 직선 경로(최단 경로)로 이동할 것 - 착륙 전 일시 정지(완충) 고도는 착륙장에서 1m까지(이하) 인정 - 착륙 전 정지 후 신속하게 착륙할 것 - 비상 착륙장에서의 이탈이 없을 것(랜딩 기어가 착륙장 위에 있어야 함)
착륙 조작	정상 접근 및 착륙(Atti)	- 기수는 항상 전방을 향할 것(15° 이내) - 수평 비행 시 고도 변화 없을 것(기준 고도에서 상 / 하 0.5m까지 인정) - 경로 이탈이 없을 것(직선 경로에서 기체 중심이 전 / 후 1m까지 인정) - 속도 일정하게 유지할 것(지나친 빠름 / 느림, 기동 중 정지 없을 것) - 착륙 전 일시 정지(완충) 후 1회 위치 수정 가능 - 기체 중심을 기준으로 착륙장 이탈이 없을 것
	측풍 접근 및 착륙	- 수평 비행 시 고도 변화 없을 것(기준 고도에서 상 / 하 0.5m까지 인정) - 경로 이탈이 없을 것(직선 경로에서 기체 중심이 좌 / 우 1m까지 인정) - 속도 일정하게 유지할 것(지나치게 빠름 / 느림, 기동 중 정지 없을 것) - 착륙 전 일시 정지(완충) 후 1회 위치 수정 가능 - 기체 중심을 기준으로 착륙장 이탈이 없을 것

4) 조작의 원활성

조작의 원활성이란 쉽게 말해 숙달이 되었는지 안 되었는지를 말하는 것이다. 멀티콥터 실기시험에서 가장 모호한 평가 분야가 될 수 있으면서도 누가 보아도 쉽게 판단할 수 있는 부분이기도 하다. 초보일수록 손가락과 손목, 어깨까지 힘이 들어가는 경우가 있다. 이 때문에 처음 조종 교육을 받은 교육생이 다음날 어깨통과 몸살을 호소하는 경우는 매우 흔한 일이다.

조작이 원활하면 시험은 물 흐르듯 부드럽게 진행되지만 원활하지 않은 경우에는 누가 보기에도 부자연스러운 상황들이 발생하기 마련이다. 그 원인은 크게 두 가지인데 첫째는 심리적인 영역이다. 대부분은 자신감 부족이나 불합격에 대한 두려움으로 인해 문제가 생긴다. 조종 실력이 없는 것을 본인이 누구보다 잘 알기 때문에 시간이 지날수록 더욱 안 좋아지는 경우도 많다. 이런 경우 교관과 주위의 동료들이 응원과 격려를 보내주고 마음을 편하게 해주면 많은 도움이 된다. 자신감이 생기면 하고자 하는 의욕도 함께 생기므로 비행이 재미있어진다. 즐기는 사람을 이길 수는 없다. 비행 전 따뜻한 음료를 마시거나 추운 날씨에는 핫팩 등으로 손가락을 녹이는 것도 도움이 된다.

둘째는 신체 구조적인 부분으로 손가락이 뻣뻣하거나 수전증이 있는 경우이다. 조종기의 파지법과 스틱을 조작하는 엄지손가락이 부자연스러운 경우가 있는데, 반복적인 연습으로 짧은 시간 안에 좋아지는 것을 종종 본다. 즉 지도교관의 역량으로 충분히 개선할 수 있다.

비법전수 TIP

원활한 조종을 위한 긴장완화

이러한 문제를 충분히 해결하기 위해 노력한다고 해도 시험 당일에 긴장되어 몸이 굳어지는 것은 막을 수 없다. 한 가지 방편으로 운동선수들처럼 껌을 씹는 것을 추천한다. 지속적인 저작 운동으로 몸의 강직과 긴장을 상당히 풀어줄 수 있다.

조종자 위치에 서면 우선 배꼽과 러버콘이 일직선이 되도록 서는 것이 중요하다. 또한 양발을 어깨 너비 정도로 충분히 벌려주는 것도 큰 도움이 된다. 두 발을 곧게 붙이고 있으면 몸의 균형이 좋지 않아져 몸을 꼬게 되고 심리적인 불안도 더 가중될 수 있다.

5) 안전 거리 유지

멀티콥터는 하늘에 떠 있고 매우 빠른 속도로 움직일 수 있는 비행체이다. 가급적이면 멀리 두고 비행할 수 있으면 좋지만 국가시험장의 규격이 정해져 있는 만큼 그 안전 거리를 꼭 준수해야 시험을 치르는 본인과 시험 감독이 멀티콥터의 돌진과 폭격으로부터 안심할 수 있을 것이다. 안전 거리는 후방을 제외하고 조종자 전방, 좌측, 우측 모두 15m이다.

▶ 실기시험에서 3 콤보가 적용되는 곳

과제	1단계	2단계	3단계
비행 전 기체 점검	(모터, 프롭) 기체 외곽 부분	몸체 부분	조종기 부분
전원 투입 단계	아워미터 확인	조종기 전원 투입	기체 전원 투입
기체 점검 완료 단계 3구령	"GPS 수신 상태 확인"	"비행 전 기체 점검 완료"	"조종자 위치로"
조종자 위치에 서는 단계	배꼽(몸 중심) 러버콘 1자 정렬	어깨 너비로 다리 벌리기	공역 확인
공역 확인 단계	좌 / 전 / 우 / 후 확인	시정 거리 확인	측풍 방향 / 풍속 확인
이륙 단계	위치 사방 1m	고도 3~5m	기수 전방 15° 이내
이륙 후	이륙 후 기체 점검	호버링 위치로 이동	좌우측 호버링
비행 과제	직진 및 후진 비행	삼각 비행	원주 비행
비행 중	고도 상 / 하 50cm	경로 좌 / 우 1m	기수 전방 15° 이내
착륙 과제	비상 착륙	정상 접근 및 착륙	측풍 접근 및 착륙
전원 Off 단계	기체 전원 분리	조종기 전원 Off	아워미터 확인

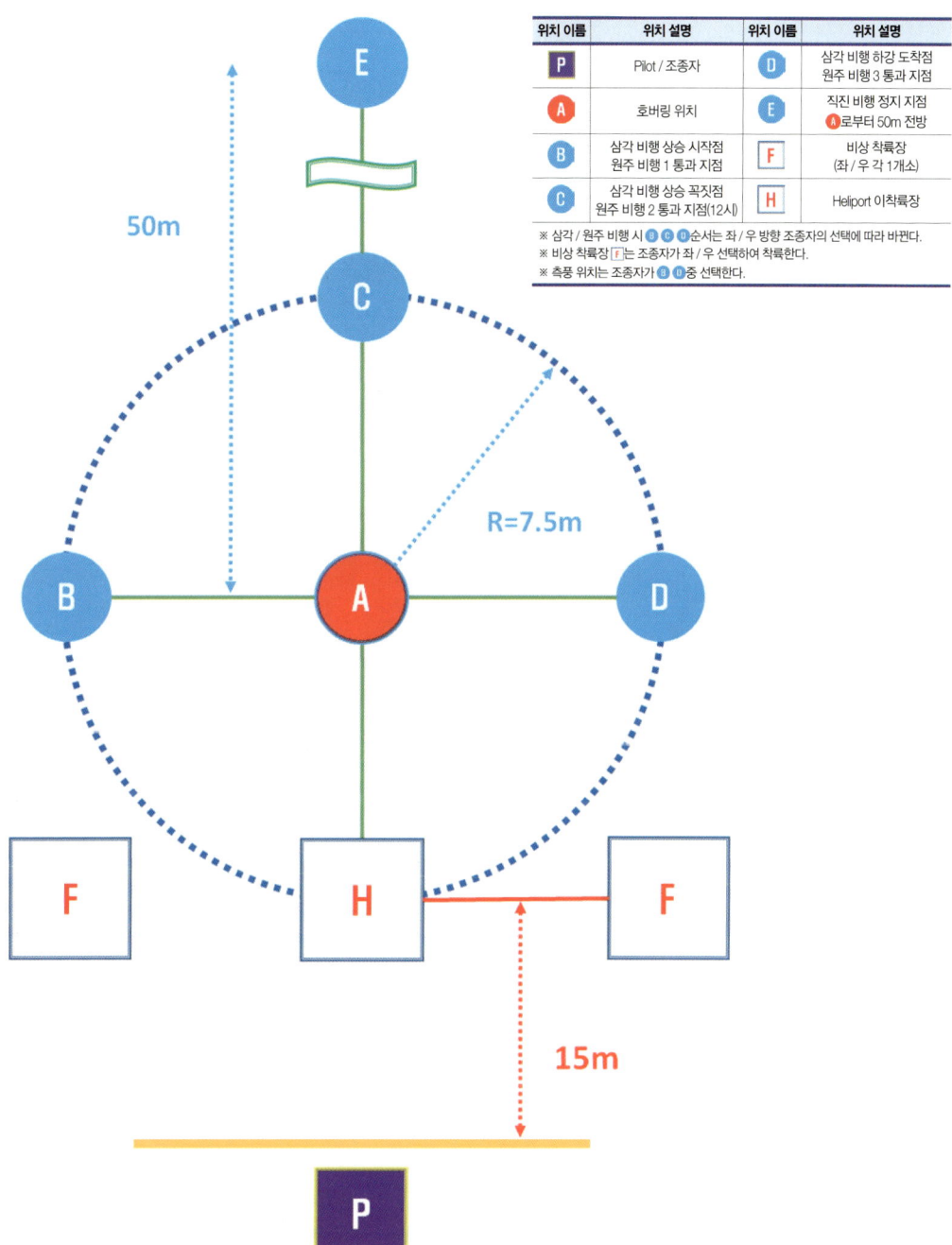

▲ 무인멀티콥터 실기시험에서의 안전거리

chapter 03
초경량비행장치 지도조종자(교관)
기출문제

- 초경량비행장치

  지도조종자 기출문제 1회
  지도조종자 기출문제 2회
  지도조종자 기출문제 3회

- 초경량비행장치 정답 및 해설

  지도조종자 기출문제 1회
  지도조종자 기출문제 2회
  지도조종자 기출문제 3회

초경량비행장치 지도조종자(교관) 기출문제 1회

01 베르누이 정리에 대한 설명으로 옳은 것은?

① 정압은 속도와 비례한다.
② 유체 속도는 압력과 무관하다.
③ 유체 속도는 정압에 비례한다.
④ 유체 속도가 빠르면 정압은 낮아진다.

02 대기권을 고도에 따라 낮은 곳부터 높은 곳까지 순서대로 분류한 것은?

① 대류권-성층권-열권-중간권
② 대류권-성층권-중간권-열권
③ 대류권-중간권-성층권-열권
④ 대류권-중간권-열권-성층권

03 다음 비행기 날개에 작용하는 항력(Drag)에 대한 설명으로 옳은 것은?

① 공기 속도에 비례한다.
② 공기 속도에 반비례한다.
③ 공기 속도의 3승에 비례한다.
④ 공기 속도의 제곱에 비례한다.

04 플랩을 내리면 일어나는 현상은?

① 양력 계수 증가, 항력 계수 증가
② 양력 계수 감소, 항력 계수 감소
③ 양력 계수 증가, 항력 계수 감소
④ 양력 계수 감소, 항력 계수 증가

05 배터리를 떼어내는 순서는?

① +극을 먼저 떼어낸다.
② -극을 먼저 떼어낸다.
③ +극과 -극을 동시에 떼어낸다.
④ 아무것이나 먼저 해도 무방하다.

06 계기의 구비 조건 중 가장 중요한 것은?

① 소형일 것
② 정확성이 있을 것
③ 신뢰성이 좋을 것
④ 경제적이며 내구성이 클 것

07 해발 150m 비행장 상공에 있는 비행기의 진고도가 500m라면 이 비행기의 절대 고도는?

① 150m   ② 350m
③ 500m   ④ 650m

08 다음 중 항공법의 목적으로 옳지 <u>않은</u> 것은?

① 항공 운송 사업의 통제
② 항공기 항행의 안전 도모
③ 항공의 발전과 복리 증진
④ 항공 시설 설치·관리의 효율화

chapter 03 초경량비행장치 지도조종자(교관) 기출문제

09 항공기에 작용하는 4가지 요소에 대한 설명으로 옳지 않은 것은?

① 중력이란 항공기의 무게를 말하며 항공기가 부양할 수 있는 힘을 제공한다.
② 양력(Lift)이란 공기의 흐름이 기체 표면을 따라 흐를 때 위로 작용하는 힘을 말한다.
③ 추력(Thrust)이란 프로펠러 또는 터보 제트 엔진 등에 의하여 생성되는 항공 역학적인 힘을 말한다.
④ 항력(Drag)이란 Airfoil이 상대풍과 반대 방향으로 작용하는 항공 역학적인 힘, 즉 항공기 전방 이동 방향의 반대 방향으로 작용하는 힘을 말한다.

10 프로펠러 항공기의 좌선회 경향(Left Turning Tendency)을 발생시키는 네 가지 요소로 옳은 것은?

① 엔진 출력, 비대칭 하중, 프로펠러 후류에 의한 힘, 토크 반작용
② 자이로스코프 운동, 비대칭 하중, 프로펠러 후류에 의한 힘, 토크 반작용
③ 자이로스코프 운동, 비대칭 하중, 프로펠러 각도에 의한 힘, 토크 반작용
④ 자이로스코프 운동, 무게중심 하중, 프로펠러 후류에 의한 힘, 토크 반작용

11 항공법이 정하는 비행장이란?

① 항공기를 계류시킬 수 있는 곳
② 항공기의 승객을 탑승시킬 수 있는 곳
③ 항공기의 이착륙을 위하여 사용되는 활주로
④ 항공기의 이착륙을 위하여 사용되는 육지 또는 수면

12 항공법에 대한 내용 중 옳지 않은 것은?

① 시행령과 시행규칙은 건설교통부령으로 제정되었다.
② 항공기 항행의 안전을 도모하기 위한 방법을 정한 것이다.
③ 항공 운송 사업의 질서 확립과 항공 시설의 설치, 관리의 효율화를 목적으로 한다.
④ 국제민간항공조약의 규정과 동 조약의 부속서로서 채택된 표준과 방식에 따른다.

13 초경량비행장치의 운용 시간은?

① 일출부터 일몰까지
② 일출부터 일몰 30분 전까지
③ 일출 30분 후부터 일몰까지
④ 일출 30분 후부터 일몰 30분 전까지

14 초경량비행장치의 응시자격 연령은?

① 14세
② 18세
③ 만 14세
④ 만 18세

15 항공기의 항행 안전을 저해할 우려가 있는 장애물 높이가 지표 또는 수면으로부터 몇 m 이상일 경우 항공 장애 표시등 및 항공 장애 주간 표지를 설치해야 하는가? (단, 장애물 제한 구역 외에 한한다.)

① 50m
② 100m
③ 150m
④ 200m

16 초경량비행장치의 멸실 등의 사유로 신고를 말소할 경우에 그 사유가 발생한 날부터 며칠 이내에 지방항공청장에게 말소 신고서를 제출해야 하는가?

① 5일　　② 10일
③ 15일　　④ 30일

17 기체의 착빙에 대한 설명으로 옳지 않은 것은?

① 착빙은 Carburetor, Pitot 관 등에도 생긴다.
② 양력과 무게를 증가시켜 추진력을 감소시킨다.
③ 거친 착빙도 날개의 공기 역학에 영향을 줄 수 있다.
④ 습한 공기가 기체 표면에 부딪히면서 결빙이 발생한다.

18 우리나라 항공법의 기본이 되는 국제법은?

① 일본 동경협약
② 중국의 항공법
③ 미국의 항공법
④ 국제민간항공조약 및 같은 조약의 부속서

19 대부분의 기상이 발생하는 대기의 층은?

① 열권　　② 대류권
③ 성층권　　④ 중간권

20 물방울이 비행장치의 표면에 부딪히면서 표면을 덮은 수막이 천천히 얼어붙으며 일어나는 투명하고 단단한 착빙은?

① 서리　　② 싸락눈
③ 거친 착빙　　④ 맑은 착빙

21 리튬폴리머 배터리 보관 시 주의 사항으로 옳지 않은 것은?

① 손상된 배터리나 전력 수준이 50% 이상인 상태에서 배송하지 말아야 한다.
② 추운 겨울에는 화로나 전열기 등 열원 주변처럼 뜨거운 장소에 보관해야 한다.
③ 배터리를 낙하, 파손시키지 말고 충격을 주거나 인위적으로 합선시키지 말아야 한다.
④ 더운 날씨에 차량에 배터리를 보관하지 말아야 하며 보관 장소의 온도는 22~28℃가 적합하다.

22 회전익 비행장치가 등속도 수평 비행을 하고 있을 때 작용하는 힘의 조건은?

① 추력 = 양력+항력
② 추력 = 양력+중력
③ 추력 = 항력, 양력 = 무게
④ 추력 = 양력+항력+중력

23 다음 중 강우가 예상되는 구름은?

① Ci(권운)　　② Cu(적운)
③ St(층운)　　④ As(고층운)

24 NOTAM의 유효기간으로 적당한 것은?

① 1개월　　② 3개월
③ 6개월　　④ 1년

25 받음각이 변하더라도 모멘트의 계수 값이 변하지 않는 점의 명칭은?

① 반력 중심　　② 압력 중심
③ 중력 중심　　④ 공기력 중심

chapter 03 초경량비행장치 지도조종자(교관) 기출문제

26 무인 회전익 비행장치의 기체 점검 사항으로 옳지 <u>않은</u> 것은?

① 종합 점검과 정기 점검을 한꺼번에 실시한다.
② 종합 점검은 지정 정비 기관에서 실시해야 한다.
③ 30시간 점검, 정기 점검(연간 정비)을 받아야 한다.
④ 비행 전, 비행 중, 비행 후 점검은 운용자에 의해 실시한다.

27 항공법에서 정한 용어의 정의로 옳은 것은?

① 항행 안전 시설이라 함은 전파만으로 항공기 항행을 돕는 시설을 말한다.
② 항공 등화라 함은 전파, 불빛, 색채 등으로 항공기 항행을 돕는 시설을 말한다.
③ 관제권이라 함은 비행장 및 그 주변의 공역으로서 항공 교통의 안전을 위하여 지정된 공역을 말한다.
④ 관제구라 함은 평균 해수면으로부터 150m 이상 높이의 공역으로서 항공 교통의 통제를 위해 지정된 공역을 말한다.

28 기상 보고 상태에서 '+RA FG'의 의미는?

① 안개가 내린다.
② 비와 안개가 동반된다.
③ 강한 비가 내린 뒤 안개가 내린다.
④ 약한 비가 내린 뒤 안개가 내린다.

29 초경량비행장치 중에서 프로펠러가 4개인 멀티콥터는?

① 옥토콥터 ② 헥사콥터
③ 쿼드콥터 ④ 트라이콥터

30 터널 속에서 GPS 미작동 시 이용하는 항법은?

① 관성 항법 ② 무선 항법
③ 지문 항법 ④ 추측 항법

31 다음 중 관제 공역은?

① A등급 공역 ② G등급 공역
③ F등급 공역 ④ H등급 공역

32 초경량비행장치 비행 계획 승인 신청 시 포함되는 사항으로 옳지 <u>않은</u> 것은?

① 비행 경로 및 고도
② 동승자의 소지 자격
③ 조종자의 비행경력
④ 비행장치의 종류 및 형식

33 드론을 조종하던 중 갑자기 기체에 이상이 생겼을 때 취할 행동으로 옳은 것은?

① 최단거리로 비상 착륙을 한다.
② 주위 사람에게 큰소리로 외친다.
③ 급추락을 하거나 안전하게 착륙시킨다.
④ 자세 제어 모드로 전환하여 조종을 한다.

34 투명하거나 반투명하게 형성되는 서리는?

① 거친 착빙 ② 맑은 착빙
③ 서리 착빙 ④ 이슬 착빙

35 무인멀티콥터의 위치를 제어하는 부품은?

① GPS ② 온도 감지기
③ 레이저 센서 ④ 자이로 센서

36 역편요(Adverse Yaw)에 대한 설명으로 옳지 않은 것은?

① 비행기가 선회하는 경우 옆 미끄럼이 생기면 옆 미끄럼한 방향으로 Yaw하는 것을 말한다.
② 비행기가 오른쪽으로 경사하여 선회하는 경우 비행기의 기수가 왼쪽으로 Yaw하려는 운동을 말한다.
③ 비행기가 선회 시 보조익을 조작해서 경사하게 되면 선회 방향과 반대 방향으로 Yaw하는 것을 말한다.
④ 비행기가 보조익을 조작하지 않더라도 어떤 원인에 의해서 운동을 시작하며 올라간 날개의 Rolling 방향으로 Yaw하는 특성을 말한다.

37 동쪽에서 길고 강한 호우를 일으키는 기단은?

① 적도 기단　② 양쯔강 기단
③ 시베리아 기단　④ 오호츠크해 기단

38 멀티콥터에 쓰이는 엔진으로 옳은 것은?

① 가솔린　② 전기 모터
③ 터보 엔진　④ 로터리 엔진

39 무인멀티콥터의 기수를 제어하는 부품은?

① GPS　② 온도
③ 레이저　④ 지자기 센서

40 멀티콥터 프로펠러 피치가 1회전 시 측정할 수 있는 것은?

① 거리　② 속도
③ 압력　④ 온도

chapter 03 초경량비행장치 지도조종자(교관) 기출문제

초경량비행장치 지도조종자(교관) 기출문제 2회

01 리튬폴리머 배터리 사용상의 설명으로 옳은 것은?
① 수명이 다 된 배터리는 그냥 쓰레기들과 함께 버린다.
② 가급적 금속 탁자 등 전도성이 좋은 곳에 두어 보관한다.
③ 여행 시 배터리는 화물로 가방에 넣어서 운반할 수 있다.
④ 비행 후 배터리 충전은 상온까지 온도가 내려간 상태에서 실시한다.

02 초경량비행장치 사고 발생 즉시 조종자 또는 소유자가 지방항공청장에게 보고할 내용으로 옳지 않은 것은?
① 사고가 발생한 일시 및 장소
② 사고의 정확한 원인 분석 결과
③ 초경량비행장치의 종류 및 신고 번호
④ 초경량비행장치 소유자의 성명 또는 명칭

03 초경량비행장치의 최대 이륙 고도의 높이와 단위를 표기한 것으로 옳은 것은?
① 고도 500ft AGL
② 고도 500ft MSL
③ 고도 500m AGL
④ 고도 500m MSL

04 조종자 준수사항을 어길 시 1차 벌금은?
① 20만 원
② 50만 원
③ 100만 원
④ 200만 원

05 항공업 종사자로 옳지 않은 것은?
① 관제사
② 승무원
③ 자가용 운전사
④ 초경량비행장치 조종자

06 멀티콥터 기체가 갑자기 좌우로 불안하게 움직일 경우 해야 하는 조종기 조작은?
① 러더를 조작한다.
② 스로틀을 조작한다.
③ 에일러론을 조작한다.
④ 조종기의 전원을 ON, OFF한다.

07 방제용 무인멀티콥터가 비행할 수 없는 것은?
① 배면 비행
② 전진 비행
③ 회전 비행
④ 후진 비행

08 전파의 이동이 활발하게 이루어지는 대기권은?
① 열권
② 대류권
③ 성층권
④ 대류권계면

09 비행체에 외부에서 영향을 주는 힘이 아닌 것은?
① 양력
② 중력
③ 항력
④ 압축력

10 초경량비행장치 조종자 전문 교육기관의 구비 요건으로 옳지 아닌 것은?

① 격납고
② 이착륙 공간
③ 강의실 1개 이상
④ 사무실 1개 이상

11 여름철에 우리나라에 영향을 주는 기단은?

① 적도 기단　② 양쯔강 기단
③ 북태평양 기단　④ 시베리아 기단

12 대부분의 기상이 발생하는 대기의 층은?

① 열권　② 대류권
③ 성층권　④ 중간권

13 무인 항공 시스템의 지원 장비로 옳지 않은 것은?

① 발전기　② 비행체
③ 정비 지원 차량　④ 비행체 운반 차량

14 다음 중 주의 공역이 아닌 것은?

① 경계 구역　② 위험 구역
③ 훈련 구역　④ 비행 제한 구역

15 고유의 안정성이 뜻하는 것은?

① 실속이 되기 어렵다.
② 스핀이 되지 않는다.
③ 이착륙 성능이 좋다.
④ 조종이 보다 용이하다.

16 무인 동력 비행장치의 자체 중량 기준으로 옳은 것은?

① 25kg 이하　② 100kg 이하
③ 115kg 이하　④ 150kg 이하

17 메인 블레이드의 밸런스 측정 방법으로 옳지 않은 것은?

① 메인 블레이드 각각의 무게가 일치하는지 측정한다.
② 양손에 들어보아 가벼운 쪽에 밸런싱 테이프를 감아 준다.
③ 메인 블레이드 각각의 중심(C.G)이 일치하는지 측정한다.
④ 양쪽 블레이드를 그립홀더에 끼워 압전이 일치하는지 측정한다.

18 연료 여과기에 대한 설명으로 가장 옳은 것은?

① 엔진 사용 전에 흡입구에 연료를 공급한다.
② 외부 공기를 기학된 연료와 혼합하여 실린더 입구로 공급한다.
③ 연료가 엔진에 도달하기 전에 연료의 습기나 이물질을 제거한다.
④ 연료 탱크 안에 고여 있는 물이나 침전물을 외부로 빼내는 역할을 한다.

19 회전익 무인비행장치의 비행 준비 사항으로 옳지 않은 것은?

① 기체 크기
② 기체 배터리 상태
③ 조종기 배터리 상태
④ 조종사의 건강 상태

chapter 03 초경량비행장치 지도조종자(교관) 기출문제

20 안개가 발생하기에 적합한 조건으로 옳지 않은 것은?
① 바람이 없을 것
② 냉각 작용이 있을 것
③ 강한 난류가 존재할 것
④ 대기의 성층이 안정할 것

21 주로 봄과 가을에 이동성 고기압과 함께 동진해 오며 따뜻하고 건조한 일기를 나타내는 기단은?
① 적도 기단
② 양쯔강 기단
③ 북태평양 기간
④ 오오츠크해 기단

22 6,500ft 이하에서 발생하는 구름의 종류는?
① 적운　② 층운
③ 고층운　④ 권층운

23 동압에 관한 설명으로 옳지 않은 것은?
① 동압은 공기 일도와 비례한다.
② 동압은 정압의 크기에 비례한다.
③ 동압은 부딪히는 면적에 비례한다.
④ 동압은 공기 흐름 속도의 제곱에 비례한다.

24 해풍의 특징으로 옳은 것은?
① 주간에 바다에서 육지로 분다.
② 주간에 육지에서 바다로 분다.
③ 야간에 바다에서 육지로 분다.
④ 야간에 육지에서 바다로 분다.

25 프로펠러에 이상이 있을 시 가장 먼저 발생하는 현상은?
① 기체가 추락한다.
② 진동이 발생한다.
③ 경고등이 들어온다.
④ 경고음이 들어온다.

26 초경량비행장치 사고 시 조치 사항으로 옳은 것은?
① 기체를 수거한다.
② 인명을 구조한다.
③ 조사 기관에 신고를 한다.
④ 사람들에게 도움을 청한다.

27 뉴턴의 법칙 중 토크와 관련 있는 법칙은?
① 관성의 법칙
② 가속도의 법칙
③ 베르누이 정리
④ 작용 반작용 법칙

28 신고해야 할 기체로 옳지 않은 것은?
① 동력 비행장치
② 초소형 헬리콥터
③ 계류식 무인 비행선
④ 초소형 자이로플레인

29 구름의 생성과 관련 있는 현상으로 옳지 않은 것은?
① 냉각　② 수증기
③ 온난전선　④ 방정핵(응결핵)

30 항공기 비행 시 조종사의 특별한 주의·경계 식별 등이 필요한 공역은?

① 관제 공역　② 주의 공역
③ 통제 공역　④ 비관제 공역

31 항공 종사자가 업무를 정상적으로 수행할 수 없는 혈중알코올농도의 기준은?

① 0.02% 이상
② 0.03% 이상
③ 0.05% 이상
④ 0.5% 이상

32 비행 중 조종기 배터리 경고음이 울렸을 때 취해야 할 행동은?

① 경고음이 꺼질 때까지 기다려 본다.
② 즉시 기체를 착륙시키고 엔진 시동을 정지한다.
③ 재빨리 송신기의 배터리를 예비 배터리로 교환한다.
④ 기체를 원거리로 이동시켜 제자리 비행으로 대기한다.

33 〈보기〉에서 설명하는 것은?

〈 보기 〉
항공 시설, 업무, 절차 또는 위험 요소의 신설, 운영 상태 및 그 변경에 관한 정보를 수록하여 전기통신 수단으로 항공 종사자들에게 배포하는 공고문이다.

① AIC　② AIP
③ AIRAC　④ NOTAM

34 무인 헬리콥터에서 주 로터와 함께 회전 면의 균형과 안정성을 높여주는 것은?

① T/R
② 마스트
③ 드라이브 샤프트
④ 스테이빌라이저(수평 안전바)

35 항력과 속도와의 관계에 대한 설명으로 옳지 않은 것은?

① 항력은 속도의 제곱에 반비례한다.
② 유해 항력은 거의 모든 항력을 포함하고 있어 저속 시 작고 고속 시 크다.
③ 형상 항력은 블레이드가 회전할 때 발생하는 마찰성 저항이므로 속도가 증가하면 점차 증가한다.
④ 유도 항력은 하강풍인 유도 기류에 의해 발생하므로 저속과 제자리 비행 시 가장 크며 속도가 증가할수록 감소한다.

36 무인비행장치 운용에 따라 조종자가 작성해야 하는 문서로 옳지 않은 것은?

① 항공기 이력부
② 비행 훈련 기록부
③ 정기 검사 기록부
④ 조종사 비행 기록부

37 무인 항공 시스템의 운용 요원으로 옳지 않은 것은?

① 비행 교관　② 내부 조종사
③ 외부 조종사　④ 탑재 장비 조종관

38 회전익 무인비행장치 형태 중에서 상·하부에 로터가 장착되어 회전익의 단점인 반토크 현상을 상쇄시키는 원리를 가진 것은?

① 헬리콥터　② 멀티콥터
③ 동축 반전　④ 틸트 로터

39 대기에서 상대 습도 100%의 의미는?

① 현재의 기온에서 최소 가용 수증기 양을 뜻한다.
② 현재의 기온에서 단위 체적당 수증기 양이 100%라는 뜻이다.
③ 현재의 기온에서 최대 가용 수증기 양의 100%가 가용하다는 뜻이다.
④ 현재의 기온에서 최대 가용 수증기 양 대비 실제 수증기의 양이 100%라는 뜻이다.

40 다음 중 비행 후 점검 사항으로 옳지 않은 것은?

① 송신기를 끈다.
② 수신기를 끈다.
③ 기체를 안전한 곳으로 옮긴다.
④ 열이 식을 때까지 해당 부위는 점검하지 않는다.

초경량비행장치 지도조종자(교관) 기출문제 3회

01 비행 승인을 받기 위해 필요한 것으로 옳지 않은 것은?
① 비행 경로와 고도
② 비행장치의 제원
③ 조종자의 비행경력
④ 조종자의 자격증 소지 여부

02 무인멀티콥터가 비행 가능한 지역은?
① 전파 수신이 많은 지역
② 장애물이 없고 한적한 곳
③ 인파가 많고 차량이 많은 곳
④ 전깃줄 및 장애물이 많은 곳

03 아침에 발생하는 안개는?
① 복사안개   ② 이류안개
③ 증기안개   ④ 활승안개

04 항공 종사자 음주 적발 기준에 해당하는 최소 음주량은?
① 0.02%   ② 0.03%
③ 0.2%   ④ 0.3%

05 다음 중 중층운의 약자는?
① AC   ② CU
③ NS   ④ ST

06 무인멀티콥터의 명칭과 설명으로 옳지 않은 것은?
① 모터는 BLDC 모터를 사용한다.
② 비행 시 배터리는 완전 충전해서 사용을 한다.
③ 프로펠러는 양력을 높이기 위해 금속으로 만든다.
④ 지자기 센서와 자이로 센서는 흔들리지 않게 고정을 한다.

07 자동 제어 기술의 발달에 따른 항공 사고의 원인으로 옳지 않은 것은?
① 불충분한 사전 학습
② 기술의 진보에 따른 즉각적 반응
③ 새로운 자동화 장치의 새로운 오류
④ 자동화의 발달과 인간 숙달의 시간차

08 북반구 저기압에 대한 설명으로 옳지 않은 것은?
① 상승 기류가 있다.
② 비와 악기상을 동반한다.
③ 반시계방향으로 바람이 분다.
④ 시계방향으로 불며 맑은 날씨를 보인다.

09 고도 1,000ft당 온도 감소율은?
① 2°C   ② 2°F
③ 6.5°C   ④ 6.5°F

10 서리가 내릴 때 비행 상태로 옳은 것은?

① 실속 증가
② 양력 감소
③ 항력 감소
④ 비행과 서리는 상관없다.

11 기압에 대한 설명으로 옳은 것은?

① 1,000ft당 1inch이다.
② 온난전선에선 압력이 낮아진다.
③ 차가운 곳에서는 압력이 낮아진다.
④ 고도가 올라가면 압력의 감소율이 올라간다.

12 날개에 작용하는 양력에 대한 설명으로 옳은 것은?

① 양력은 날개의 받음각 방향의 수직 아래 방향으로 작용한다.
② 양력은 날개의 시위선 방향의 수식 아래 방향으로 작용한다.
③ 양력은 날개의 상대풍이 흐르는 방향의 수직 위 방향으로 작용한다.
④ 양력은 날개의 상대풍이 흐르는 방향의 수직 아래 방향으로 작용한다.

13 항공안전법 제128조(초경량비행장치 구조 지원 장비 장착 의무)에서 무인비행장치 등 국토부령으로 정하는 초경량비행장치로 옳지 않은 것은?

① 계류식 기구
② 무인 비행기
③ 동력 패러글라이더
④ 동력을 이용하지 아니하는 비행장치

14 초경량비행장치의 기준으로 옳지 않은 것은?

① 조종자 자격 응시 기준은 만 14세 이상이다.
② 지도조종자 자격 응시 기준은 만 20세 이상이다.
③ 전문 교육기관 운영자는 만 25세 이상이어야 한다.
④ 전문 교육기관은 수료생의 자료를 요약하여 최소 10년간 보관해야 한다.

15 항공법상 신고를 요하지 아니하는 초경량비행장치로 옳지 않은 것은?

① 낙하산류
② 군사 목적으로 사용되지 않는 비행장치
③ 행글라이더, 패러글라이더 등 동력을 이용하지 않는 비행장치
④ 무인 비행기 및 무인 회전익 비행장치 중에서 연료의 무게를 제외한 자체 무게가 12kg 이하인 것

16 다음 ( ) 안에 들어갈 말로 옳은 것은?

> 초경량비행장치의 변경 신고는 사유 발생일로부터 ( ) 이내에 해야 한다.

① 15일   ② 30일
③ 60일   ④ 90일

17 초경량비행장치를 멸실하였을 경우 말소 신고 기간은?

① 15일   ② 30일
③ 60일   ④ 90일

18 초경량비행장치 신고 시 지방항공청장에게 첨부해야 할 서류로 옳지 않은 것은?

① 초경량비행장치의 사진
② 초경량비행장치의 성능, 제원표
③ 초경량비행장치를 소유하고 있음을 증명하는 서류
④ 초경량 항공기를 운용할 조종사, 정비사의 인적 사항

19 국토교통부령으로 정하는 안전성 인증 검사대상으로 옳지 않은 것은?

① 무인 기구류
② 무인비행장치
③ 회전익 비행장치
④ 착륙 장치가 없는 동력 패러글라이더

20 국제민간항공기구(ICAO)에서 공식으로 사용하는 초경량비행장치의 명칭은?

① UAV ② UGV
③ RPAS ④ Drone

21 초경량비행장치 사고를 일으킨 조종자 또는 소유자가 보고할 내용으로 옳지 않은 것은?

① 사고의 경위
② 사고의 정확한 원인 분석 결과
③ 사람의 사상 또는 물건의 파손 개요
④ 초경량비행장치의 소유자 또는 명칭

22 초경량비행장치의 인증 검사 중 인증서의 유효기간이 도래하여 실시하는 검사는?

① 재검사 ② 계속 검사
③ 수시 검사 ④ 정기 검사

23 전문 교육기관 지정을 위하여 국토교통부 장관에게 제출할 서류로 옳지 않은 것은?

① 전문 교관의 현황
② 보유한 비행 장비의 제원
③ 교육 시설 및 장비의 현황
④ 교육 훈련 계획 및 교육 훈련 규정

24 초경량비행장치 신고 사항에 관한 설명으로 옳지 않은 것은?

① 증명할 수 있는 자료와 기체의 측면 사진을 제출한다.
② 사유가 있는 변경신고의 경우 15일 이내에 해야 한다.
③ 기체 말소 신고는 사유가 발생한 날로부터 15일 이내에 해야 한다.
④ 기체 소유자는 각호의 사항을 변경할 경우 안전 신고서를 지방항공청장에게 신고한다.

25 인적 요인 모델 SHELL 중에서 규정과 매뉴얼, 직업 카드와 관련 있는 것은?

① L-E ② L-H
③ L-L ④ L-S

26 다음 중 조종자 증명을 취소하는 사항으로 옳은 것은?

① 벌금 이상의 형을 선고받은 경우
② 주류 등을 섭취하고 비행한 경우
③ 초경량비행장치 조종자 증명의 효력 정지 기간에 초경량비행장치 로 1회 비행한 경우
④ 고의 또는 과실로 초경량비행장치 사고를 일으켜 인명피해나 재산피해를 발생시킨 경우

chapter 03 초경량비행장치 지도조종자(교관) 기출문제

27 다음 중 초경량비행장치를 자유로이 날릴 수 있는 공역은?

① C 공역 ② D 공역
③ F 공역 ④ G 공역

28 다음 중 관제 구역으로 옳지 <u>않은</u> 것은?

① 관제권 ② 관제구
③ 조언 구역 ④ 비행장 교통 구역

29 다음 중 통제 구역으로 옳지 <u>않은</u> 것은?

① 훈련 구역
② 비행 금지 구역
③ 비행 제한 구역
④ 초경량비행장치 비행 금지 구역

30 세계 표준 시각 22:30을 우리나라 시간으로 바꾸면?

① AM 7:30 ② AM 10:30
③ PM 7:30 ④ PM 10:30

31 특별 승인을 받은 자가 무인비행장치 특별 비행 신청서에 첨부해야 하는 서류로 옳지 <u>않은</u> 것은?

① 무인비행장치의 운용 한계에 관한 서류
② 무인비행장치의 제조 및 정비에 관한 서류
③ 무인비행장치의 종류, 형식, 제원에 관한 서류
④ 무인비행장치 조종자의 조종 능력 및 경력 등을 증명하는 서류

32 조종자가 리더십을 발휘하는 예로 옳은 것은?

① 다른 조종자의 험담을 한다.
② 결점을 찾아내서 수정을 한다.
③ 기체 손상 여부 관리를 의논한다.
④ 편향적 안전을 위하여 의논한다.

33 멀티콥터 착륙 지점으로 옳지 <u>않은</u> 것은?

① 평평한 해안 지역
② 평평하면서 경사진 곳
③ 고압선이 없고 평평한 지역
④ 바람에 날아가는 물체가 없는 평평한 지역

34 조종기를 장기간 사용하지 않을 시 보관 방법으로 옳은 것은?

① 케이스에 보관을 한다.
② 온도에 상관없이 보관한다.
③ 방전 후에 사용을 할수 있다.
④ 장기간 보관 시 배터리 커넥터를 분리한다.

35 항공 장애등의 설치 높이로 옳은 것은?

① 300ft AGL ② 300ft MSL
③ 500ft AGL ④ 500ft MSL

36 평균 대기 온도 및 대기압으로 옳지 <u>않은</u> 것은?

① 760mmHg
② 29.92inHg
③ 1,032.15hpa
④ 해수면 온도 섭씨 15도, 화씨 59도

37 무인멀티콥터가 이륙할 때 필요한 장치로 옳지 <u>않은</u> 것은?

① GPS   ② 모터
③ 배터리   ④ 변속기

38 두 기단이 만나서 정체되는 전선은?

① 온난전선   ② 정체전선
③ 폐색전선   ④ 한랭전선

39 베르누이 정리의 내용으로 옳지 <u>않은</u> 것은?

① 동압은 공기의 밀도와 비례한다.
② 동압은 정압의 크기에 비례한다.
③ 동압은 부딪히는 면적에 비례한다.
④ 동압은 공기 흐름 속도의 제곱에 비례한다.

40 자이로플레인이 속하는 항공기는?

① 동력 비행장치
② 모터 비행장치
③ 계류식 비행장치
④ 회전익 비행장치

MEMO

초경량비행장치 지도조종자(교관) 기출문제 1회

정답 및 해설

01	④	02	②	03	④	04	①	05	①	06	②	07	②	08	①	09	①	10	②
11	④	12	①	13	①	14	③	15	③	16	③	17	②	18	④	19	①	20	④
21	②	22	②	23	②	24	②	25	②	26	①	27	③	28	②	29	③	30	④
31	①	32	②	33	②	34	②	35	②	36	①	37	④	38	②	39	④	40	①

01 베르누이 정리 : 전압 = 동압+정압 ☞ 전압은 항상 일정, 유체의 속도와 정압은 반비례

02 대류권-성층권-중간권-열권

03 항력은 기체 속도(공기 속도)의 제곱에 비례한다.

04 플랩은 고양력 장치로서 양력 계수를 높여 짧은 활주 거리로 이륙하는 것을 가능하게 한다. 플랩의 구조적 특성상 받음각이 매우 크므로 항력 계수 또한 많이 증가하게 된다.

05 배터리를 연결할 때는 +극을 먼저 연결하고 그다음 -극을 연결해야 하며, 배터리를 분리할 때는 -극을 먼저 분리하고 그다음 +극을 분리해야 한다.

06 계기는 가볍고 소형이며 경제적이고, 내구성이 크며 신뢰성이 높아야 한다. 하지만 이보다 중요한 것은 정확한 지침을 알려주는 것이다.

07
- 초경량 비행장치의 비행 제한 고도는 절대 고도(현재의 위치) 기준 150m(500ft)이다.
- AGL(Above Ground Level, Absolute Altitude) : 절대 고도(땅 / 바다 관계없이 바닥으로부터의 높이)
- MSL(Mean Sea Level) : 평균 해수면 고도(진고도와 같은 개념)
- ASL(Above Sea Level) : 해발 고도(주로 산의 높이를 말할 때 사용)
- TA(True Altitude) : 진고도(평균 해면으로부터의 고도 / MSL과 같은 개념
- 어떤 위치에서의 절대 고도 = 진고도-해발 고도. 이 문제에서는 500m-150m = 350m가 된다.

08 항공법의 목적 4가지를 기억할 것!
① 항공기의 안전 항행
② 항공 운송 사업 질서 확립
③ 항공 사업의 발전과 복리 증진
④ 항공 시설 관리의 효율

09
- 항공기에 작용하는 4가지 힘 : 추력 ⇔ 항력, 양력 ⇔ 중력
- 중력 = 항공기의 무게, 중력보다 양력이 커야 이륙할 수 있다.

10 프로펠러 항공기가 왼쪽으로 선회하려는 경향을 일으키는 4가지 요소
- 자이로스코픽 운동(Gyroscopic Action) : 세차 운동-회전하는 물체에 힘을 주면 힘을 준 지점으로부터 90° 회전한 지점에 적용된다.

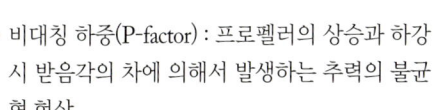

chapter 03 초경량비행장치 지도조종자(교관) 기출문제

- 비대칭 하중(P-factor) : 프로펠러의 상승과 하강 시 받음각의 차에 의해서 발생하는 추력의 불균형 현상
- 프로펠러 후류에 의한 힘(Slipstream) : 회전 면의 뒤쪽에 프로펠러의 전진 속도보다 큰 유속 발생
- 토크 반작용(Torque Reaction) : 회전하는 물체에 반대 방향으로 작용하는 힘

11 비행장은 항공기, 경량항공기, 초경량 비행장치의 이륙(이수), 착륙(착수)을 위하여 사용되는 육지 또는 수면의 일정한 구역으로서 대통령령으로 정한다.

12 항공법 시행령과 시행규칙은 대통령령으로 제정된다.

13 초경량 비행장치는 일출 시부터 일몰 시까지 운용할 수 있다. 일출 전 30분, 일몰 후 30분 또는 해가 뜨거나 진 후 해가 지평선(수평선)으로부터 약 -6° 기울어질 때까지 일상 생활에 지장이 없는 밝은 상태의 시간에도 비행을 해서는 안 된다. 이 시간을 시민박명(상용박명)이라 하며, 해가 뜨기 전에는 미명, 해가 진 후에는 여명이라 부르기도 한다.
※ 참고 : 시민박명(상용박명) : 0~-6°, 항해박명 : -6~12°, 천문박명 : -12~18°, 각각 30분씩 지속된다.

14 초경량 응시는 만 14세

15 항공 장애등은 150m 이상의 고도에 설치해야 하므로 500ft AGL(Above Ground Level, Absolute Altitude / 150m 절대 고도 / 지상 고도)에 설치하여야 한다.

16 초경량 비행장치의 말소 신고는 15일 이내에 해야 한다.

17
- 착빙 : 유리한 것은 감소, 불리한 것은 증가시킨다.(양력·추진력은 감소, 항력·무게는 증가)
- 거친 착빙 : 뿌옇거나 우윳빛이며, 잘 부서진다.
- 서리 착빙 : 서리가 굳어서 얼음이 된다.
- 맑은 착빙 : 얇게 펴진 수분이 단단하게 얼어붙는다.
- 이슬 착빙 : 이슬 착빙은 존재하지 않는다.

18 국제민간항공기구(ICAO)의 조약 및 조약의 부속서는 우리나라를 포함한 대부분의 나라에서 자국 항공법의 기본으로 하고 있다.

19 기상 현상 = 대류 현상 = 대류권

20
- 거친 착빙 : 뿌옇거나 우윳빛이며, 잘 부서진다.
- 서리 착빙 : 서리가 굳어서 얼음이 된다.
- 맑은 착빙 : 얇게 펴진 수분이 단단하게 얼어붙는다.
- 이슬 착빙 : 이슬 착빙은 존재하지 않는다.

21 리포 배터리 꼭 기억할 것!
Ⓐ 습기× Ⓑ 수리× Ⓒ 보관 시 20℃대 온도 Ⓓ 사용 시 -10~40℃ Ⓔ 장기 보관·만충 금지 Ⓕ 충전은 비행 시마다 충격, 합선, 낙하× 과충전 금지 배부름 금지 충전 시 자리 지키기

22 추력 = 항력, 양력 = 중력(무게)인 경우 등가속도 수평 비행 상태이다.

23 난층운(Ns)과 적운(Cu), 적란운(Cb) 등이 비구름이며 보기에는 비구름 중 적운(Cu)만 있다.

층계	이름	우리말 이름	국제명	국제기호	모양
상층운	권운	털구름, 새털구름	Cirrus	Ci	흰색 새 깃털 모양
	권적운	털쌘구름, 비늘구름	Cirrocumulus	Cc	흰색 작은 구름 규칙적 배열
	권층운	털층구름	Cirrostratus	Cs	높은 하늘에 희미하게 깔림
중층운	고적운	높쌘구름	Altocumulus	Ac	흰색 구름 덩어리 모양
	고층운	높층구름	Altostratus	As	하늘을 덮은 연한 회색 구름
	난층운	비층구름	Nimbostratus	Ns	암흑색 비구름

하층운	층적운	층쌘구름	Stratocumulus	Sc	회색 덩어리 구름
	층운	층구름	Stratus	St	낮게 덮이는 회색 구름
적운계	적운	쌘구름	Cumulus	Cu	밑면이 평평함
	적란운	쌘비구름	Cumulonimbus	Cb	오후에 형성되는 소나기구름

24 NOTAM은 항공 시설, 업무 절차 또는 업무 위험 요소의 시설 등을 수록하여 항공 종사자들에게 배포하는 공고문으로 '항공고시보'라 불리며 유효기간은 3개월이다.

25 공기력 중심 : 받음각(AOA)이 변해도 피칭 모멘트의 값이 변하지 않는 지점

26 안전성 인증 검사를 요하는 무인 회전익 장치(25kg 초과)는 일상 점검(비행 전, 중, 후)은 운용자가, 30시간 및 정기 점검·종합 점검은 지정 정비 기관에서 실시해야 한다. 또한 모든 정비는 지정된 시기에 맞게 별도로 실시해야 한다.

27 ① 항행 안전 시설 : 유선 통신, 무선 통신, 인공위성, 불빛, 색채 또는 전파를 이용하여 항공기의 항행을 돕기 위한 시설로서 국토교통부령으로 정하는 시설
② 항공 등화 : 불빛을 이용하여 항공기의 항행을 돕기 위한 항행 안전 시설로서 국토교통부령으로 정하는 시설(항행을 돕는 땅 위의 보안 시설. 활주로의 진입등, 진입 지시등, 활주로등, 유도등, 항공 장애등, 항공 등대)
④ 관제구 : 지표면 또는 수면으로부터 200m 이상 높이의 공역으로서 항공 교통의 안전을 위하여 국토교통부 장관이 지정·공고한 공역

28 메타 보고서 : 항공 기상은 METAR(METeorological Aerodrome Report)라고 불리는 특수한 코드를 통해 관측 자료를 제공한다. 포함되는 내용은 비행장 ICAO 식별 부호, 관측 날짜와 시간, 풍향과 풍속, 시정, 활주로 가시거리(RVR), 기상 현상, 구름, 온도와 노점 온도, 기압-QNH, 최근 특이 기상, 윈드시어 정보, 활주로 상태 등이 있다. 위의 요소 중 중요하지 않은 것은 보고하지 않아도 되며 상황에 따라 보고하는 것과 보고하지 않는 요소가 존재한다.

※ 메타 보고서 전문의 예

METAR

RKSI	151210Z	13030G40KT	040V120	3000	+RA FG
①	②	③	④	⑤	⑥

SCT004 BKN011CB	01 / M02	Q0990	RMK	WS ALL RWY
⑦	⑧	⑨	⑩	⑪

① RKSI : ICAO가 비행 정보 구역과 공항에 정한 코드로서 대한민국 인천국제공항이다.

② 151210Z : 날짜 시간 UTC 기준을 나타낸다. 15일 12시 10분 UTC에 발표되었다.(Z = Zulu / Zero / 정각)

③ 13030G40KT : 풍향과 풍속(KnoT)을 나타낸다. 앞 3자리는 풍향, 다음 두 자리는 평균 풍속, G 다음 두 자리는 최대 풍속을 뜻한다. 130도 방향 평균 풍속은 30KT이고 최대 풍속은 40KT라는 뜻이다.

④ 040V120 : 풍향 변화(Variation)를 나타낸다. 풍향이 40도에서 120도로 가변한다는 뜻이다.

⑤ 3000 : 우시정을 나타낸다. 여기서는 시정이 4,000m이다.

⑥ +RA FG : 현재의 날씨를 나타낸다. 기호(강함 +, 보통, 약함 -) RA는 비, FG는 안개이다. 강한 비 이후 안개를 뜻한다.

⑦ SCT004 BKN011CB : 구름 모양과 양, 운고. SCT(SCaTter)는 3~4옥타 400ft, BKN(BroKeN)는 5~7옥타 1,100ft, CB(CumulonimBus)는 적란운을 의미한다.

⑧ 01 / M02 : 건구 온도와 노점 온도로 구별된다. M은 영하, 건구 온도는 1℃, 노점 온도는 -2℃이다.

chapter 03 초경량비행장치 지도조종자(교관) 기출문제

⑨ Q0990 : 기압 Q(헥토파스칼)의 값으로 990hpa이다.
⑩ RMK : (ReMarK) 최근 특이 기상을 나타낸다.
⑪ WS ALL RWY : WS는 윈드시어(Wind Shear)를 의미한다. '공항 전체(ALL) 활주로(RunWaY)에 윈드시어 발생'이라는 뜻이다.

29 드론에 사용되는 로터의 개수에 따른 명칭

로터의 개수	우리말	라틴어	그리스어
1	모노	uni	mono
2	바이	bi	di
3	트라이	tri	tri
4	쿼드	quad	tetra
5	펜타	penta	penta
6	헥사	hexa	hexa
8	옥토	octo	okto
12	도데카	duodecim	dodeca
16	헥사데카	sedecim	hexadeca

30
- 추측 항법 : 컨체, 지상 설비 등 외계 센서 정보를 이용하지 않고, 자이로(Gyro), 주행거리계(Encoder), 속도계 등으로만 이동체의 위치와 방향을 구하는 방법이다.
- 관성 항법 : 비행체에 내장되어 있는 자이로스코프와 가속도계 등의 감지기에 의하여 비행체의 위치나 속도 등의 정보를 산출하는 방법이다.
- 무선 항법 : 지상 또는 인공위성으로부터의 무선 정보를 이용하여 현재의 위치를 파악하는 항법이다.
- 자동 항법 : 위성 항법이라고도 하고 비행기·선박·자동차뿐만 아니라 세계 어느 곳에서든지 인공위성을 이용하여 자신의 위치를 정확히 알 수 있는 시스템이다.

31

구분		내용
관제 공역	A등급 공역	모든 항공기가 계기 비행을 하여야 하는 공역
	B등급 공역	계기 비행 및 시계 비행을 하는 항공기가 비행 가능하고, 모든 항공기에 분리를 포함한 항공 교통관제 업무가 제공되는 공역
	C등급 공역	모든 항공기에 항공 교통관제 업무가 제공되나, 시계 비행을 하는 항공기 간에는 교통 정보만 제공되는 공역
	D등급 공역	모든 항공기에 항공 교통관제 업무가 제공되나, 계기 비행을 하는 항공기와 시계 비행을 하는 항공기 및 시계 비행을 하는 항공기 간에는 교통 정보만 제공되는 공역
	E등급 공역	계기 비행을 하는 항공기에 항공 교통관제 업무가 제공되고, 시계 비행을 하는 항공기에 교통 정보가 제공되는 공역
비관제 공역	F등급 공역	계기 비행을 하는 항공기에 비행 정보 업무와 항공 교통 조언 업무가 제공되고, 시계 비행을 하는 항공기에 비행 정보 업무가 제공되는 공역
	G등급 공역	모든 항공기에 비행 정보 업무만 제공되는 공역

32 비행 승인 신고서에 포함될 내용으로는 신청인 정보, 비행장치의 종류 및 형식, 소유자, 신고 번호, 비행 계획(비행 일시, 비행 목적, 경로 / 고도, 보험 가입 여부), 안전성 인증서 번호, 조종자 인적 사항, 탑재 장비 목록 등이다.

33 ① 비상 발생 : 제일 먼저 주변에 비상 상황임을 알려야 한다. 큰소리로 '비상'을 외치고 기체와 사람들 사이의 안전 거리를 확보하여야 한다.
② 지체 없이 인명과 시설의 피해가 없는 곳에 착륙시켜야 한다.
③ GPS 모드로 조작이 되지 않을 경우는 자세 모드(Attitude)로 변환하여 착륙하고 자세 모드에서도 제어가 되지 않을 경우는 인명과 시설에 피해가 가지 않는 곳에 착륙하거나 추락시켜야 한다.

34
- 거친 착빙 : 뿌옇거나 우윳빛, 잘 부서진다.
- 맑은 착빙 : 얇게 펴진 수분이 투명 혹은 반투명으로 단단하게 얼어붙는다.
- 서리 착빙 : 서리가 굳어서 얼음이 되는 것이다.
- 이슬 착빙 : 이슬 착빙은 존재하지 않는다.

35 ONASS : 위성 항법 장치(위치 제어)
- 온도 감지기 : 온도를 측정
- 레이저 센서 : 거리 측정(거리 / 높이 제어)
- 자이로 센서 : 자세 제어(Gyroscope)

36 역편요(Adverse Yaw) : 항공기가 Bank-turn(뱅크턴 / Aileron을 조작하여 Roll 상태로 회전)할 때 회전하려는 안쪽의 보조익은 위로, 회전하는 바깥쪽의 보조익은 아래로 조작하여 기체는 안쪽을 중심으로 아래로 비스듬하게 된다. 이 때 아래 방향으로 향하는 바깥쪽 날개의 보조익에 더 많은 항력(Drag)이 발생하게 되어 기수가 바깥쪽으로 Yaw 되는 현상이다. 이 현상을 줄이려면 서로 1:1로 반대 방향으로 작용하는 보조익의 타각을 조절하는데 위로 할 때는 정상적으로, 아래로 움직일 때는 양을 적게 한다. 또한 러더를 회전하는 방향으로 함께 제어하여도 역편요를 줄일 수 있다.

37
- 봄가을 : 서쪽 / 양쯔강 기단(황사 기단) : 따뜻하고 건조한 날씨
- 초여름 : 동쪽 / 오호츠크해 기단(장마 기단) : 차고 습한 날씨
- 여름 : 남쪽 / 북태평양 기단(태풍 기단) : 따뜻하고 습한 날씨
- 겨울 : 북쪽 / 시베리아 기단(한파 기단) : 차고 건조한 날씨

38 멀티콥터는 로터의 수가 많으므로 제어하기 편리한 전기 모터를 주로 사용한다.

39
- Compass(지자기 센서) : 방향 제어
- 온도 감지기 : 온도 측정
- 레이저 센서 : 거리 측정(거리 / 높이 제어)
- GPS : 위치 제어

40 프로펠러의 피치는 1회전 시 이동하는 거리를 말한다.

chapter 03 초경량비행장치 지도조종자(교관) 기출문제

초경량비행장치 지도조종자(교관) 기출문제 2회

정답 및 해설

01	④	02	②	03	①	04	①	05	③	06	②	07	①	08	①	09	④	10	①
11	③	12	②	13	②	14	④	15	④	16	④	17	②	18	③	19	①	20	③
21	②	22	④	23	②	24	①	25	②	26	②	27	④	28	③	29	②	30	②
31	①	32	②	33	④	34	④	35	②	36	②	37	①	38	③	39	④	40	②

01 리포배터리 꼭 기억할 것!
Ⓐ 습기× Ⓑ 수리× Ⓒ 보관 시 20℃대 온도 Ⓓ 사용 시 -10~40℃ Ⓔ 장기 보관·만충 금지 Ⓕ 충전은 비행 시마다 충격, 합선, 낙하× 과충전 금지 배부름 금지 충전 시 자리 지키기 배터리 사용 직후 충전 금지 (내부 온도 40℃ 이상)

02 초경량 비행장치로 인한 사고의 보고 내용
① 조종자 및 비행장치 소유자의 성명 및 명칭
② 사고 발생 일시 및 장소
③ 사고 기체의 종류 및 신고 번호
④ 사고 경위

03 • 초경량 비행장치의 최대 이륙 고도 : 150m AGL
  (Above Ground Level-지상 고도)
• MSL(Mean Sea Level) : 평균 해수면 고도

04

위반 행위	근거 법 조항	위반 시 과태료 금액 (단위 : 만 원)		
		1차	2차	3차 이상
신고 번호 미표기, 허위 표기	166조 4항 4호	10	50	100
말소 신고를 하지 않은 경우	166조 6항 1호	5	15	30
안정성 인증 검사를 받지 않고 비행	166조 1항 10호	50	250	500
조종자 증명을 받지 않고 비행	166조 2항 3호	30	150	300
비행 승인을 받지 않고 비행	166조 3항 9호	20	100	200
국토부령으로 정하는 장비를 장착하거나 휴대하지 않고 비행	166조 4항 5호	10	50	100
주종자 준수사항을 따르지 않고 비행	166조 3항 8호	20	100	200
사고 보고를 하지 않거나 허위 보고	166조 6항 2호	5	15	30
국토부 장관이 승인한 범위 외 비행	166조 3항 10호	20	100	200

05 항공 종사자는 조종사, 승무원, 관제사, 초경량 비행장치 조종자 등 항공과 관련된 업무를 하는 사람을 말한다.

06 멀티콥터 기체가 불안정한 경우 스로틀을 올리면 모든 로터의 출력이 증가하면서 기체는 수직으로 상승하며 이 과정에서 안정을 되찾는다. 또한 멀티콥터를 비행하다가 충돌 등이 있어 급하게 회피해야 할 때에도 고도를 낮추는 것보다는 급하게 상승하여 보다 넓은 하늘 공간을 이용하는 것이 안전하다.

07 방제용 멀티콥터는 레이싱 드론과는 달리 배면 비행은 할 수 없다.

08 대기권 중 열권에서는 자유전자와 이온이 밀집되어 전리층을 이루고 있어서 전파를 반사하거나 흡수할 수 있다.

09
- 비행체에 작용하는 4가지 힘 : 추력 ⇔ 항력, 양력 ⇔ 중력
- 압축력은 날개의 익근에서 발생하는 내부 응력 중의 하나이다.

10 전문 교육기관의 구비 요건 : 강의실 1개 이상, 사무실 1개 이상, 휴게실 및 화장실, 기체 1대 이상, 이착륙 공간

11
- 봄가을 : 서쪽 / 양쯔강 기단(황사 기단), 따뜻하고 건조한 날씨
- 겨울 : 북쪽 / 시베리아 기단(한파 기단), 차고 건조한 날씨
- 초여름 : 동쪽 / 오호츠크해 기단(장마 기단), 차고 습한 날씨
- 여름 : 남쪽 / 북태평양 기단(태풍 기단), 따뜻하고 습한 날씨

12 기상 현상 = 대류 현상 = 대류권

13 지원 장비는 비행체를 운반하거나, 정비, 충전 등 비행을 위한 지원 장비들로 구성된다.

14
- 통제 공역 : 비행 금지 구역, 비행 제한 구역, 초경량 비행장치 비행 제한 구역
- 주의 공역 : 훈련 구역, 군 작전 구역, 위험 구역, 경계 구역

15 안정성이란 항공기가 비행하는 상태를 계속 유지할 수 있는 정도를 말하며 안정성이 좋을수록 조종이 용이하다.

16 무인비행장치는 연료를 제외한 자체 중량 150kg 이하의 무인 비행기 또는 회전익 비행장치를 말한다.

17 메인 블레이드는 밸런서를 이용해 밸런스를 측정하고 가벼운 쪽에 밸런싱 테이프를 부착하여 무게의 밸런스를 맞춘다.

18 연료 여과기는 연료가 엔진으로 들어가기 직전에 습기나 이물질 제거를 위하여 거치는 장치이다.

19 비행 전에는 기체의 각 부분과 조종기 충전 상태, 기체 배터리 충전 상태 등을 점검해야 한다. 조종사의 건강 상태 또한 미리 확인해야 한다.

20 안개의 발생 조건 : 바람이 없고, 대기가 안정되고, 냉각 작용이 있어야 한다.

21
- 봄가을 : 서쪽 ⇒ 동진, 양쯔강 기단(황사 기단), 따뜻하고 건조한 날씨
- 겨울 : 북쪽 ⇒ 남하, 시베리아 기단(한파 기단), 차고 건조한 날씨
- 초여름 : 동쪽 ⇒ 서진, 오호츠크해 기단(장마 기단), 차고 습한 날씨
- 여름 : 남쪽 ⇒ 북상, 북태평양 기단(태풍 기단), 따뜻하고 습한 날씨

22 구름의 높이는 하층운 2,000m 이하, 중층운 2,000~6,000m, 상층운 6,000m 이상이다.(하층운 6,500ft 이하, 중층운 6,500~20,000ft, 상층운 20,000ft 이상)

23 베르누이 정리 : 전압 = 동압+정압 ☞ 전압은 항상 일정, 유체의 속도와 정압은 반비례, 동압은 제곱에 비례

24 해륙풍은 국지풍의 일종이다.
- 해풍 : 낮에 태양 복사열의 가열 속도 차에 의해 기압 경도력이 발생하는데 육지의 가열이 높아지면 기압이 낮아져 해풍이 발생한다.
- 육풍 : 야간에는 지표면과 해수면의 복사 냉각 차에 의해 육지가 먼저 식게 되므로 육지의 기압이 높아져 내륙으로부터 바다를 향해 육풍이 발생한다.

25 프로펠러의 균열, 비틀림 등 이상 발생 시 우선적으로 진동이 발생하고 그 진동으로 인해 로터 축이 흔들리면서 프로펠러가 축으로부터 분리되고 이어서 추락하게 된다.

chapter 03 초경량비행장치 지도조종자(교관) 기출문제

26 사고 발생 시 조치 사항
① 인명구호를 위해 신속히 필요한 조치를 취할 것
② 사고 조사를 위해 기체, 현장을 보존하고 도움이 될 수 있는 정황 및 장비 사진과 동영상을 촬영할 것
③ 사고에 따른 보험 처리 - 지체 없이 가입한 보험사에 보상을 위한 접수

27 멀티콥터의 회전과 관련된 반토크는 뉴튼의 작용 반작용 법칙을 설명한 것이다.

28 신고를 하지 않아도 되는 초경량 비행장치
① 행글라이더, 패러글라이더 등 동력을 이용하지 아니하는 비행장치
② 계류식(繫留式) 기구류(사람이 탑승하는 것은 제외)
③ 계류식 무인 비행장치
④ 낙하산류
⑤ 무인 동력 비행장치 중에서 연료의 무게를 제외한 자체 무게(배터리 무게를 포함)가 12kg 이하인 것
⑥ 무인 비행선 중에서 연료의 무게를 제외한 자체 무게가 12kg 이하이고, 길이가 7m 이하인 것
⑦ 연구기관 등이 시험·조사·연구 또는 개발을 위하여 제작한 초경량 비행장치
⑧ 제작자 등이 판매를 목적으로 제작하였으나 판매되지 아니한 것으로서 비행에 사용되지 아니하는 초경량 비행장치
⑨ 군사 목적으로 사용되는 초경량 비행장치

29 • 구름의 발생 조건 : 풍부한 수증기, 응결핵, 냉각 작용
• 안개의 발생 조건 : 풍부한 수증기, 노점 온도 이하 냉각, 응결핵 많아야 하고, 바람이 약하고 상공에 기온역전

30 • 통제 공역 : 비행 금지 구역, 비행 제한 구역, 초경량 비행장치 비행 제한 구역
• 주의 공역 : 훈련 구역, 군 작전 구역, 위험 구역, 경계 구역

31 항공 종사자 음주 적발 기준은 혈중알코올농도 0.02%이고, 적발 시 3년 이하 징역 또는 3천만 원 이하의 벌금에 처한다.

장치 신고	사용 사업 등록	음주 비행	비행 승인 (25kg 초과)
500만 원	1,000만 원	3,000만 원	200만 원

32 비행 중 조종기의 배터리 경고음이 울리는 경우는 매우 위험한 상황이다. 조종기의 전파 도달 거리가 짧아져 짧은 시간에 조종 불능 상태가 되므로 즉시 기체를 착륙시키고 엔진을 정지해야 한다.

33 • NOTAM(Notice to Airmen) : 항공 시설, 업무 절차 또는 업무 위험 요소의 시설 등을 수록하여 항공 종사자들에게 배포하는 공고문으로 "항공 고시보"라 부르며 유효 기간은 3개월이다.
• AIP(Aeronautical Information Publication / 항공 정보 간행물) : 글과 영어로 된 단행본으로 발간되는 것으로 국내에서 운항하는 모든 민간 항공기의 능률적이고 안전한 운항을 위한 영구성 있는 항공 정보를 수록한다.
• AIC(Aeronautical Information Circular / 항공 정보 회람) : AIP나 NOTAM으로 전파하기 어려운 행정 사항을 담은 항공 정보를 제공한다.
  - 법령, 규정, 절차 및 시설 등 주요한 변경이 장기간 예상되는 경우 또는 비행기 안전에 영향을 미치는 사항
  - 기술, 법령 또는 행정 사항에 관련된 설명과 조언
  - 매년 새로운 일련번호를 부여하며 최근 대조표는 연 1회 발행
• AIRAC(Aeronautical Information Regulation And Control / 항공 정보 관리 절차) : 운영 방식에 대한 변경을 필요로 하는 사항을 발효 일자를 기준으로 사전 통보하는 것을 말한다.

34 • 스테이빌라이저(Stabilizer) : 수평 안정 바로 불리며 기체의 수평 면에 대한 Auto-Gyro의 기능을 한다.

- T / R(Transmitter / Receiver) : 송 / 수신기를 말한다.
- 드라이브 샤프트(Drive shaft) : 추진 축을 말한다. 어떤 장치의 엔진과 운동 부분을 연결하는 축이다.
- 마스트(Mast) : 헬리콥터의 로터와 함께 회전하는 축이다.

35 ① 항력은 속도의 제곱에 비례한다.
② 대부분 항력은 유해 항력이며 속도의 제곱에 비례한다.
④ 유도 항력은 속도가 증가할수록 감소한다.

36 ① 항공기 이력부 : 항공기 소유자 작성
② 비행 훈련 기록부 : 교육생+교관 작성
③ 정기 검사 기록부 : 전문 정비 업체에서 작성
④ 조종사 비행 기록부 : 조종사(운용자) 작성

37 내부 / 외부 조종사, 탑재 장비 조종사(관)는 무인 항공 시스템의 운용 요원에 해당하고 비행 교관은 무인 항공 교육에 필요한 요원에 해당한다.

38 ① 헬리콥터 : 1~2개의 로터를 이용하여 호버링 비행이 가능한 회전익 비행장치
② 멀티콥터 : 3개 이상의 로터를 이용하여 호버링 비행이 가능한 회전익 비행장치
③ 동축 반전 : 두 개의 로터가 상하로 배치되어 반토크 현상을 상쇄하는 헬리콥터
④ 틸트 로터 : 로터가 수직과 수평 방향으로 틸팅(꺾임)되어 양력과 추력으로 동시에 이용할 수 있는 비행장치

39 상대 습도는 현재 온도의 포화 수증기량에 대한 실제 수증기량의 비 또는 포화 수증기압에 대한 실제 수증기압의 비를 백분율(%)로 표시한 것이다. 일반적으로 말하는 습도이다. 수증기압은 대기 중에 포함된 수증기의 압력으로, 포화 수증기압은 어떤 온도에서 수증기를 최대로 포함할 때의 수증기압이다. 쉽게 말하면 현재 기온에서의 최대 가용 수증기의 양에 대한 실제 수증기의 양이 얼마인가를 뜻한다. 상대 습도는 현재의 수증기압과 포화 수증기압으로 구할 수 있고, 건습구 온도계를 통해 구할 수도 있다.
※ 상대 습도 = (현재 수증기압 ÷ 포화 수증기압) × 100

40 비행 후 점검 및 조치
① 기체 전원 분리
② 조종기 전원 OFF
③ 아워미터 확인
④ 기체 점검
⑤ 기체 이동
※ 모터 / 변속기 등 열이 많이 발생하는 부분은 열이 식은 후에 점검한다.

초경량비행장치 지도조종자(교관) 기출문제 3회

정답 및 해설

01	②	02	②	03	①	04	①	05	①	06	③	07	②	08	④	09	①	10	②
11	②	12	③	13	②	14	④	15	②	16	①	17	①	18	④	19	①	20	③
21	②	22	④	23	②	24	④	25	④	26	④	27	②	28	③	29	①	30	①
31	①	32	②	33	②	34	④	35	②	36	③	37	①	38	②	39	②	40	④

01 비행 승인 신고서에 포함될 내용은 신청인 정보, 비행장치의 종류 및 형식, 소유자, 신고 번호, 비행 계획(비행 일시, 비행 목적, 경로 / 고도, 보험 가입 여부), 안전성 인증서 번호, 조종자 인적 사항, 탑재 장비 목록 등이다.

02 무인멀티콥터의 비행 가능 지역은 조종자 준수사항을 준수할 수 있는 곳이어야 하고 무선 조종 장치 운용에 지장을 받지 않는 곳이어야 한다.

03 평평한 지형+바람이 없거나+야간, 새벽 ☞ 복사안개(땅안개, 지면 안개) / (평평☞복사)
습한 공기+산을 타고+상승+단열 냉각 ☞ 활승안개 / (상승☞활승)
(흘러가는) 강, 해안 ☞ 이류안개 (물안개, 바다안개, 해무) / (흘러☞이류)
한랭 공기 + 따뜻하고 습한 지표 + 수분 증발 ☞ 증기안개 / (증발☞증기)

04 항공 종사자 음주 적발 기준은 혈중알코올농도 0.02%이고, 적발 시 3년 이하 징역 또는 3천만 원 이하의 벌금에 처한다.

장치 신고	사용 사업 등록	음주 비행	비행 승인 (25kg 초과)
500만 원	1,000만 원	3,000만 원	200만 원

05

층계	이름	우리말 이름	국제명	국제 기호	모양
상층운	권운	털구름, 새털구름	Cirrus	Ci	흰색 새 깃털 모양
	권적운	털쌘구름, 비늘구름	Cirrocumulus	Cc	흰색 작은 구름 규칙적 배열
	권층운	털층구름	Cirrostratus	Cs	높은 하늘에 희미하게 깔림
중층운	고적운	높쌘구름	Altocumulus	Ac	흰색 구름 덩어리 모양
	고층운	높층구름	Altostratus	As	하늘은 덮은 연한 회색 구름
	난층운	비층구름	Nimbostratus	Ns	암흑색 비구름
하층운	층적운	층쌘구름	Stratocumulus	Sc	회색 덩어리 구름
	층운	층구름	Stratus	St	낮게 덮이는 회색 구름
적운계	적운	쌘구름	Cumulus	Cu	밑면이 평평함
	적란운	쌘비구름	Cumulonimbus	Cb	오후에 형성되는 소나기구름

06 ① 모터는 출력이 높고 수명이 긴 BLDC(브러시리스-DC 모터)를 사용한다.
② 배터리는 매 비행 시마다 완전히 충전 후 사용한다.
③ 프로펠러는 양력을 높이기 위해 더욱 가벼운 카본파이버 소재 또는 복합 소재로 만든다.

④ Compass, Gyro, FC 등 전자 / 계측 장비는 흔들리지 않게 견고히 고정한다.

07 자동 제어 기술의 진보에 따른 충분한 사전 학습의 부재로 사고가 발생할 수 있고, 새로운 자동화 장치에 의한 새로운 오류나 결함으로 사고가 발생할 수 있고, 자동화 속도보다 늦은 인간의 숙달에 의한 시간 차로 인해 사고가 발생할 수 있다.

08 북반구 저기압 3가지 특징 : ① 상승 기류 ② 반시계 방향 ③ 비, 악기상 또는 태풍

09 기온감률은 ?2℃ / 1,000ft 또는 ?6℃ / 1,000m이다.

10
- 서리 ⇒ 착빙
- 착빙은 유리한 것은 감소, 불리한 것은 증가시킨다.
- 양력, 추진력 : 감소
- 항력, 무게 : 증가

11 ① 고도가 올라갈수록 압력의 감소율이 적어진다.
② 온난전선 = 저기압
③ 1,000ft 당 1inch
④ 차가운 곳 = 고기압, 더운 곳 = 저기압

12 양력은 유체 속에서 물체가 진행 방향의 수직 방향으로 받는 힘을 말하며 위쪽으로 작용한다. 물체에 닿은 유체를 밀어내려는 힘에 대한 반작용이며 물체가 진행하는 방향에 대한 경사각과 물체의 면적, 흐름의 속도, 유체의 밀도에 따라 정해진다.

13 항공안전법 제128조(초경량비행장치 구조 지원 장비 장착 의무) : 초경량비행장치를 사용하여 초경량비행장치 비행 제한 공역에서 비행하려는 사람은 안전한 비행과 초경량비행장치 사고 시 신속한 구조 활동을 위하여 국토교통부령으로 정하는 장비를 장착하거나 휴대하여야 한다. 다만, 무인비행장치 등 국토교통부령으로 정하는 초경량비행장치는 그러하지 아니하다.

14 ①②③ 초경량비행장치 조종자는 만 14세 이상, 지도조종자·평가조종자는 만 20세 이상 응시 가능
④ 항공 종사자 자격시험을 위한 경력 확인용 증빙 서류는 영구히 보존해야 한다.
※ 근거 : 국제민간항공기구(ICAO) DOC 9379-2.8 RECORD KEEPING

15 신고를 필요로 하지 아니하는 초경량비행장치의 범위
① 행글라이더, 패러글라이더 등 동력을 이용하지 아니하는 비행장치
② 계류식(繫留式) 기구류(사람이 탑승하는 것은 제외)
③ 계류식 무인비행장치
④ 낙하산류
⑤ 무인 동력 비행장치 중에서 연료의 무게를 제외한 자체 무게(배터리 무게를 포함)가 12kg 이하인 것
⑥ 무인 비행선 중에서 연료의 무게를 제외한 자체 무게가 12kg 이하이고, 길이가 7m 이하인 것
⑦ 연구기관 등이 시험·조사·연구 또는 개발을 위하여 제작한 초경량비행장치
⑧ 제작자 등이 판매를 목적으로 제작하였으나 판매되지 아니한 것으로서 비행에 사용되지 아니하는 초경량비행장치

16 초경량비행장치의 변경 신고는 30일 이내, 말소 및 멸실 신고는 15일 이내에 하여야 한다.

17 초경량비행장치의 변경 신고는 30일 이내, 말소 및 멸실 신고는 15일 이내에 하여야 한다.

18 초경량비행장치를 신고할 때는 초경량비행장치를 소유하고 있음을 증명하는 서류와 제원 및 성능표, 비행 안전을 확보하기 위한 기술상의 기준에 적합함을 증명하는 서류, 장치의 사진 등을 첨부하여야 한다.

19 동력을 이용하지 않는 초경량비행장치는 안전성 인증 검사를 받지 않아도 된다.

chapter 03 초경량비행장치 지도조종자(교관) 기출문제

20 ICAO는 RPAS(Remote Piloted Aircraft System)를 무인항공기의 공식명칭으로 하고 있다.

21 초경량비행장치로 인한 사고 시 보고 내용
① 조종자 및 비행장치 소유자의 성명 및 명칭
② 사고 발생 일시 및 장소
③ 사고 기체의 종류 및 신고 번호
④ 사고 경위

22 안전성 인증 검사의 종류
- 초도 검사 : 비행장치의 설계 및 제작 후 최초로 안전성 인증을 받기 위해 실시하는 검사
- 정기 검사 : 초도 검사 이후 안전성 인증서의 유효기간이 도래하여 새로운 안전성 인증서를 교부받기 위해 실시하는 검사
- 수시 검사 : 비행장치의 비행 안전에 영향을 미치는 엔진 및 부품의 교체나 수리·개조 후, 비행장치의 안전 기준에 적합한지를 확인하기 위해 실시하는 검사
- 재검사 : 정기 검사 또는 수시 검사에서 불합격 처분을 받은 항목에 대하여 보완·수정 후 실시하는 검사

23 전문 교육기관이 국토교통부에 제출해야 할 서류는 교육 시설 및 장비의 현황, 지도조종자 등 교육 인력의 현황, 교육 훈련 계획 및 규정, 보유한 장치의 증명 등이다.

24
- 초경량비행장치의 변경 신고는 30일 이내, 말소 및 멸실 신고는 15일 이내에 하여야 한다.
- 초경량비행장치를 신고할 때는 초경량비행장치를 소유하고 있음을 증명하는 서류와 제원 및 성능표, 비행 안전을 확보하기 위한 기술상의 기준에 적합함을 증명하는 서류, 장치의 사진 등을 첨부하여야한다.

25 SHELL 모델의 중심에 있는 L(Central-Liveware)은 자기 자신을 의미한다.
- S(Software) : 자신과 관련된 법, 규정, 절차, 매뉴얼, 점검표 등 소프트웨어와의 관계를 의미
- H(Hardware) : 자신과 각종 시설, 장비, 공구 등 하드웨어와의 관계를 의미
- E(Environment) : 날씨, 기온, 조명, 습도, 소음 등 자신과 관련된 환경을 의미
- L(Liveware) : 함께 작업을 수행하는 동료를 비롯하여 자신의 업무와 직·간접적으로 관련되는 사람들을 의미

27 국토교통부 장관은 항공 종사자가 다음 각호의 어느 하나에 해당하는 경우에는 그 자격증명이나 자격증명의 한정(이하 이 조에서 "자격증명 등"이라 한다)을 취소하거나 1년 이내의 기간을 정하여 자격증명 등의 효력 정지를 명할 수 있다. 다만, 제1호 또는 제31호에 해당하는 경우에는 해당 자격증명 등을 취소하여야 한다.
1. 거짓이나 그 밖의 부정한 방법으로 자격증명 등을 받은 경우
31. 이 조에 따른 자격증명 등의 정지 명령을 위반하여 정지 기간에 항공 업무에 종사한 경우

26

구분		내용
관제 공역	A등급 공역	모든 항공기가 계기 비행을 하여야 하는 공역
	B등급 공역	계기 비행 및 시계 비행을 하는 항공기가 비행 가능하고, 모든 항공기에 분리를 포함한 항공 교통관제 업무가 제공되는 공역
	C등급 공역	모든 항공기에 항공 교통관제 업무가 제공되나, 시계 비행을 하는 항공기 간에는 교통 정보만 제공되는 공역
	D등급 공역	모든 항공기에 항공 교통관제 업무가 제공되나, 계기 비행을 하는 항공기와 시계 비행을 하는 항공기 및 시계 비행을 하는 항공기 간에는 교통 정보만 제공되는 공역
	E등급 공역	계기 비행을 하는 항공기에 항공 교통관제 업무가 제공되고, 시계 비행을 하는 항공기에 교통 정보가 제공되는 공역
비관제 공역	F등급 공역	계기 비행을 하는 항공기에 비행 정보 업무와 항공 교통 조언 업무가 제공되고, 시계 비행을 하는 항공기에 비행 정보 업무가 제공되는 공역
	G등급 공역	모든 항공기에 비행 정보 업무만 제공되는 공역

28

구분		내용
관제 공역	A등급 공역	모든 항공기가 계기 비행을 하여야 하는 공역
	B등급 공역	계기 비행 및 시계 비행을 하는 항공기가 비행 가능하고, 모든 항공기에 분리를 포함한 항공 교통관제 업무가 제공되는 공역
	C등급 공역	모든 항공기에 항공 교통관제 업무가 제공되나, 시계 비행을 하는 항공기 간에는 교통 정보만 제공되는 공역
	D등급 공역	모든 항공기에 항공 교통관제 업무가 제공되나, 계기 비행을 하는 항공기와 시계 비행을 하는 항공기 및 시계 비행을 하는 항공기 간에는 교통 정보만 제공되는 공역
	E등급 공역	계기 비행을 하는 항공기에 항공 교통관제 업무가 제공되고, 시계 비행을 하는 항공기에 교통 정보가 제공되는 공역
비관제 공역	F등급 공역	계기 비행을 하는 항공기에 비행 정보 업무와 항공 교통 조언 업무가 제공되고, 시계 비행을 하는 항공기에 비행 정보 업무가 제공되는 공역
	G등급 공역	모든 항공기에 비행 정보 업무만 제공되는 공역

29

구분		내용
관제 공역	관제권	항공안전법 제2조 제25호에 따른 공역으로서 비행 정보 구역 내의 B, C 또는 D등급 공역 중에서 시계 및 계기 비행을 하는 항공기에 대하여 항공 교통관제 업무를 제공하는 공역
	관제구	항공안전법 제2조 제26호에 따른 공역(항공로 및 접근 관제 구역을 포함)으로서 비행 정보 구역 내의 A, B, C, D, E등급 공역에서 시계 및 계기 비행을 하는 항공기에 대하여 항공 교통관제 업무를 제공하는 공역
	비행장 교통 구역	항공안전법 제2조 제25호에 따른 공역 외의 공역으로서 비행 정보 구역 내의 D등급에서 시계 비행을 하는 항공기 간에 교통 정보를 제공하는 공역
비관제 공역	조언 구역	항공 교통 조언 업무가 제공되도록 지정된 비관제 공역
	정보 구역	비행 정보 업무가 제공되도록 지정된 비관제 공역

구분		내용
통제 공역	비행 금지 구역	안전, 국방상 그 밖의 이유로 항공기의 비행을 금지하는 공역
	비행 제한 구역	항공 사격, 대공 사격 등으로 인한 위험으로부터 항공기의 안전을 보호하거나 그 밖의 이유로 비행 허가를 받지 아니한 항공기의 비행을 제한하는 공역
	초경량 비행장치 비행 제한 구역	초경량비행장치의 비행 안전을 확보하기 위하여 초경량비행장치의 비행 활동에 대한 제한이 필요한 구역
주의 공역	훈련 구역	민간 항공기의 훈련 공역으로서 계기 비행 항공기로부터 분리를 유지할 필요가 있는 공역
	군 작전 구역	군사 작전을 위하여 설정된 공역으로서 계기 비행 항공기로부터 분리를 유지할 필요가 있는 공역
	위험 구역	항공기의 비행 시 항공기 또는 지상 시설물에 대한 위험이 예상되는 공역
	경계 구역	대규모 조종사의 훈련이나 비정상 형태의 항공 활동이 수행되는 공역

30 경도 0°의 시각을 기준으로 1972년 1월 1일부터 세계에서 공통으로 사용하는 협정 세계시(UTC)가 세계 표준시의 기본으로, 각국은 각각 경도에 따른 시차를 더해서 그 지방의 표준시로 채택하고 있다. 우리나라의 표준시(KST)는 세계 표준시(그리니치시, GMT)보다 9시간 빠르다.

31 비행 승인 신고서에 포함될 내용으로는 신청인 정보, 비행장치의 종류 및 형식, 소유자, 신고 번호, 비행 계획(비행 일시, 비행 목적, 경로 / 고도, 보험 가입 유무), 안전성 인증서 번호, 조종자 인적 사항, 탑재 장비 목록 등이다.

32 조종자는 최종적으로 비행에 대한 최종 판단을 해야 하므로 합리적인 정보처리 능력을 갖추고 신체적, 정신적으로 안정되어야 한다.

33 멀티콥터는 수직으로 이착륙이 가능한 비행장치로서, 바닥 면이 평평하고 경사지지 않은 곳이라야 안전하게 착륙할 수 있다.

chapter 03 초경량비행장치 지도조종자(교관) 기출문제

34 조종기를 장기간 보관할 때는 교체형 배터리의 경우 전원 커넥터를 분리하여 보관하고 내장형 배터리의 경우 장기 보관 모드(3.8V 내외-60% 충전)로 보관하며 전용 상자에 넣어 습하지 않은 곳에 보관해야 한다.

35 항공 장애등은 150m 이상의 고도에 설치해야 하므로 500ft AGL(150m 절대 고도 / 지상 고도)에 설치해야 한다.

36 평균 대기 온도와 대기압은 15℃, 59°F / 760mmHg, 29.92inHg이다.

37 멀티콥터가 이륙하기 위해서는 전원 공급을 위한 배터리, 프로펠러에 동력을 공급하기 위한 모터와 모터에 전원을 공급하고, 속도를 제어할 수 있는 전자 변속기가 필요하다.

38
- 한랭전선과 온난전선의 세력이 비슷할 때 : 정체전선
- 한랭전선의 속도가 빨라 온난전선 밑으로 겹쳐질 때 : 폐색전선

39
- 베르누이의 정리에서 유체의 속도와 정압은 반비례한다.
- 베르누이 정리 : 전압 = 동압+정압 ☞ 전압은 항상 일정하다.

무인비행장치	무인 비행기 무인 헬리콥터 무인멀티콥터	자체 중량 12kg 초과, 최대 이륙 중량 25kg 이하	○	×
		최대 이륙 중량 25kg 초과, 자체 중량 150kg 이하	○	○
	무인 비행선	자체 중량 12kg 초과 180kg 이하, 길이 7m 초과 20m 이하	○	○
기구류	열기구	공기 온도차에 의한 부력에 의해 비행하는 장치	○	○
	가스 기구	헬륨 가스의 부력을 이용해 윈치 케이블을 이용하여 상승 / 하강하는 장치	○	○
행글라이더		비상용 장비를 제외하고 자체 중량 70kg 이하	×	○
패러글라이더		비상용 장비를 제외하고 자체 중량 70kg 이하	○	○
낙하산류		항력(抗力)을 발생시켜 대기(大氣) 중을 낙하하는 사람 또는 물체의 속도를 느리게 하는 비행장치	○	○

40

초경량 비행장치의 유형		사양(SPECIFICATION)	조종자 증명	안전성 인증
동력 비행장치	타면 조종형 체중 이동형	1인승, 연료 제외 자체 중량 115kg 이하	○	○
회전익 비행장치	초경량 자이로 플레인초경량 헬리콥터	1인승, 연료 제외 자체 중량 115kg 이하	○	○
동력 패러글라이더	착륙 장치(×)	패러글라이더에 추진력을 얻는 장치를 부착한 비행장치	○	○
	착륙 장치(○)	1인승, 연료 제외 자체 중량 115kg 이하	○	○

chapter 04

실기평가조종자(평가관)
실전모의고사/
실기시험요령

- 실기평가관 시험

    실전모의고사 제1회
    실전모의고사 제2회

- 실기평가관 시험 정답 및 해설

    실전모의고사 제1회
    실전모의고사 제2회

    실기평가관 실기시험요령

실기평가관 시험 실전모의고사 제1회

01 다음중 항공법에서 정한 초경량비행장치의 범위에 해당되지 <u>않은</u> 것은?
① 동력비행장치
② 인력활공기
③ 비행기
④ 회전익비행장치

02 초경량비행장치 비행자격증명을 받을 수 있는 연령은 몇 세 이상 인가?
① 16세　② 14세
③ 18세　④ 21세

03 다음내용 중 초경량비행장치 신고서에 첨부해야 하는 서류로 틀린 것은?
① 초경량비행장치의 사진(가로 10센티미터 x 세로 5센티미터의 측면사진)
② 초경량비행장치를 소유하고 있음을 증명하는 서류
③ 초경량비행장치의 제원 및 성능표
④ 보험가입을 증명할 수 있는 서류(법 제23조 제5항에 따른 영리목적인 경우만 해당)

04 초경량비행장치 비행제한공역을 승인 없이 비행한 경우 벌칙 사항으로 옳은 것은?
① 100만 원이하의 벌금
② 400만 원이하의 벌금
③ 300만 원이하의 벌금
④ 200만 원이하의 벌금

05 초경량비행장치 조종자의 준수사항 중 <u>틀린</u> 것은?
① 인명이나 재산에 위험을 초래할 우려가 있는 낙하물을 투하하는 행위
② 인구가 밀집된 지역이나 그밖에 위험을 초래할 우려가 있는 방법으로 비행하는 행위
③ 안개 등으로 인하여 지상목표물을 육안으로 식별 할 수 없는 상태에서 비행하는 행위
④ 일몰 후부터 일출 전까지의 야간에 비행하는 행위는 모두 금지됨

06 초경량비행장치 사고를 일으킨 조종자 또는 그 초경량비행장치의 소유자가 보고해야 하는 사항이 <u>아닌</u> 것은?
① 초경량비행치 정치장
② 사고의 경위
③ 사고가 발생한 일시 및 장소
④ 초경량비행장치의 종류 및 신고번호

07 다음 중 비행경력증명서에 시간을 기재하는 요령에 대한 설명으로 틀린 것은?
① FROM 엔진을 시동한 시간을 의미한다.
② 비행시간(hrs)은 분(Minute)단위로도 작성이 가능하다.
③ FROM TO 작성 시 분 (Minute)단위로 작성해야 한다.
④ 비행시간(hrs)은 비행을 목적으로 엔진의 시동한 후부터 정지까지의 시간을 의미한다.

08 다음 중 초경량비행장치 비행자격증명의 종류에 해당되지 않는 것은?

① 동력비행장치
② 경량항공기
③ 동력패러글라이더
④ 무인헬리콥터

09 비행경력증명서 각 항목의 기재요령에 대한 설명으로 틀린 것은?

① 기장시간은 단독으로 비행한 시간을 의미한다.
② 훈련시간은 공단에 등록된 지도조종자에 의한 비행 교육시간이다.
③ 교관시간은 피교육자가 교육을 받은 시간이다.
④ 최종인증검사일은 해당일자에 교육에 사용된 기체가 마지막으로 검사받은 일자이다.

10 다음 중 비행시간을 비행경력증명으로 인정받을 수 있는 설명으로 틀린 것은?

① 전문교육기관으로 이수한 사람은 전문교육기관장이 서명 날인한 비행시간
② 전문교육기관을 이수하지 않은 사람은 공단에 등록된 지도조종자가 매 비행시간 마다 서명날인 한 비행시간
③ 비행시간이 200시간이상으로 초경량비행장치 해당 종류에 대한 자격을 소지한 사람이 매 비행시간마다 서명날인 한 비행시간
④ 민법 제32조에 따라 정부로부터 초경량비행장치 자격증명 관리를 허가 받은 비영리법인의 장이 서명날인 한 비행시간

11 다음 중 초경량비행장치 실기시험에서 합격기준으로 옳은 것은?

① U등급이 1개이면 합격이다.
② 전부 U등급 이상 이어야 합격이다.
③ U등급이 2개 이하이면 합격이다.
④ 전부 S등급 이어야 합격이다.

12 한국교통안전공단에서 실시하는 초경량비행장치 실기시험위원에 대한 정기 직무교육에 관한 설명 중 틀린 것은?

① 실기시험위원으로 된 사람은 매 2년 마다 직무교육을 받아야 한다.
② 지도조종자의 등록이 취소된 경우 공단 이사장은 실기시험위원을 해지해야 한다.
③ 비행경력이 1,000시간 이상이면 실기위원으로 등록이 가능 하다.
④ 실기시험위원이 직무교육을 이수하지 못한 경우 실기시험위원의 인정을 취소 할 수 있다

13 다음 중 초경량비행장치 자격증명 실기시험의 불합격 사유가 아닌 것은?

① 응시자가 비행안전을 확보하지 못하여 시험위원이 개입한 경우
② 실기영역의 세부내용에서 규정한 조작의 최대 허용한계를 지속적으로 벗어난 경우
③ 허용한계를 벗어났을 때 즉각적인 수정 조작을 취하지 못한 경우
④ 비행기동을 시작하기 전에 공역확인을 위한 공중경계를 수행한 경우

14 다음은 초경량비행장치 실기시험표준서와 관련한 설명이다. 이 중 틀린 것은?

① 실기시험의 객관성과 공정성을 재고하고 비행장치 조종자의 기량 및 능력 확인 과정의 표준화를 기하는데 있다
② 실기시험표준서의 구성은 제1장 총칙, 제2장 실기영역, 제3장 실기영역 세부기준으로 구성되어 있다.
③ 실기영역은 실제 비행 시 행하여지는 유사한 비행기 등을 모아놓은 것을 말하며 반드시 그 순서를 준수해야 한다.
④ 안정된 접근은 최소한으로 조종 장치를 사용하여 비행장치를 안전하게 착륙 시킬 수 있도록 접근하는 것을 말한다. 접근 중 과도한 조종 장치의 사용은 조종자의 부적절한 비행장치 조작으로 간주 한다.

15 실기시험위원이 원격채점 프로그램에 로그인 할 때 사용자 확인해야할 사항으로 틀린 것은?

① 성명은 띄워 쓰기 없이 한글만 입력한다.
② 생년월일은 주민번호 앞자리 6자리만 입력한다.
③ 전화번호는 휴대폰번호 뒤 4자리만 입력한다.
④ 배정받은 시험일자가 아니더라도 채점프로그램 로그인은 가능 하다.

16 실기시험 원격프로그램 사용에 대한 설명 중 틀린 것은?

① 최초 응시자 명단을 불러오기 위해서는 대상자 정보갱신을 실행해야한다
② 판정 등급이 U인 경우 반드시 구체적인 의견을 입력해야한다
③ 최초 채점결과를 프로그램에 입력한 후에도 변동사항이 발생하면 채점 결과의 수정이 가능 하다
④ 채점파일 전송 후 확인 절차를 거치지 않아도 된다.

17 다음 중 실기시험위원이 실기시험 전 반드시 확인해야할 사항이 아닌 것은?

① 최근 2년 이내 학과시험 합격여부 또는 학과시험 면제여부
② 시험 당일 현제 유효한 신체검사 증명서 소지 여부
③ 비행경력증명서에 한정된 비행장치로 비행교육을 받고 초경량비행장치 비행자격증명 운영세칙에서 정한 비행경력을 충족했는지 여부
④ 시험에 사용되는 기체의 연료 잔량

18 초경량비행장치 자격증명 실기영역 중 기체관련 사항의 평가 내용에 해당되지 않은 것은?

① 비행경력에 관한 사항
② 안전관리에 관한 사항
③ 비행규정에 관한 사항
④ 비행허가에 관한 사항

chapter 04 실기평가조종자(평가관) 실전모의고사

19 초경량비행장치 자격증명 실기시험 불합격자의 기준 및 그에 관한 조치사항으로 <u>틀린</u> 것은?

① 불합격자에 대하여는 자격증명이 부여되지 않는다.
② 응시자가 수행한 어떠한 항복이 표준서의 기준에 만족하지 못하였다면 그 항목은 통과 하지 못한 것이다.
③ 실기시험 응시자는 어떠한 경우든 실기시험을 중지 할 수 없다.
④ 실기시험위원이 실기시험 불합격자에 해당된다고 판단되는 자에 대하여는 언제든지 실기시험을 중단 할 수 있다.

20 다음 중 초경량비행장치 실기시험표준서의 목적과 가장 거리가 <u>먼</u> 것은?

① 실기시험의 객관성을 기하기 위함이다
② 실기시험위원이 평가를 원활히 수행하기 위함이다
③ 실기시험 응시자에 대해 공정하게 평가하기 위함이다.
④ 실기시험을 통한 초경량비행장치 조종자의 기량 및 능력 확인 과정의 표준화를 기하기 위함이다.

실기평가관 시험 실전모의고사 제2회

01 다음 중에서 항공안전법에서 정한 초경량 비행장치가 아닌 것은?
① 동력비행장치 ② 무인비행기
③ 동력패러슈트 ④ 낙하산류

02 다음 중 바람과 기온을 측정하는 위치로 맞는 것은?
① 기온 : 1m, 바람 : 5m
② 기온 : 1.5m, 바람 : 5m
③ 기온 : 5m, 바람 : 10m
④ 기온 : 1.5m, 바람 : 10m

03 한국교통안전공단에서 실시하는 초경량비행장치 실기시험 응시자가 시험결과에 이의가 있는 경우, 며칠 이내에 이의신청을 해야 하는가?
① 3일 이내 ② 5일 이내
③ 7일 이내 ④ 10일 이내

04 초경량비행장치의 사용자가 국토교통부장관이 고시하는 비행제한공역을 허가 없이 비행한 경우 범칙금은 얼마인가?
① 100만원 이하의 벌금
② 200만원 이하의 벌금
③ 300만원 이하의 벌금
④ 400만원 이하의 벌금

05 다음 중 초경량비행장치 자격증명 실기영역 중 기체관련 사항 평가 내용에 해당되지 않는 것은?
① 비행경력에 관한 사항
② 안전관리에 관한 사항
③ 비행규정에 관한 사항
④ 비행허가에 관한 사항

06 다음중 지도조종자가 부정행위를 하였을 경우의 벌칙으로 옳은 것은?
① 모든 자격증을 취소한다.
② 지도조종자자격을 취소한다.
③ 지도조종자자격을 정지한다.
④ 2년 동안 자격증 시험을 볼 수 없다.

08 다음 중 초경량비행장치조종자증명 운영세칙에 따른 비행경력증명서의 기재요령으로 틀린 것은?
① 일자는 연 / 월 / 일로 기재한다.
② 자체중량은 지방항공청에 신고한 제원표의 중량을 기재한다.
③ 형식은 신고한 비행장치의 모델명을 기재한다.
④ 비행시간(Hrs)은 분(Minute)단위로 작성한다.

07 지도조종자의 등록이 취소된 경우 이의제기신청은 며칠 이내에 해야 하는가?
① 7일 ② 15일
③ 30일 ④ 60일

09 다음 중 초경량비행장치 자격증명 실기시험 표준서에서 제시하는 실기시험 합격수준이 아닌 것은?
① 정확한 경로를 보여주어야 한다.
② 표준서에서 정한 기준내의 실기영역을 수행한다.
③ 표준서의 기준을 만족하는 능숙한 기술을 보여주어야 한다.
④ 각 항목별로 숙달된 비행조작을 보여주어야 한다.

10 다음 중 실기시험위원이 시험 전에 반드시 확인해야하는 사항이 아닌 것은?
① 최근 2년 이내 학과시험 합격여부 또는 학과시험 면제여부
② 시험 당일 현재 유효한 신체검사 증명서 소지 여부
③ 비행경력증명서에 한정된 비행장치로 비행교육을 받고 초경량비행장치 비행자격증명 운영세칙에서 정한 비행경력을 충족했는지 여부
④ 시험에 사용될 기체의 제원

11 초경량비행장치 자격증명 실기시험표준서의 종합능력에 관한 사항의 평가기준이 아닌 것은?
① 신속성 ② 계획성
③ 규칙의 준수 ④ 판단력

12 19세기 초 바람의 세기에 대한 측정단위를 13계급으로 나누어 고안한 영국의 해군제독은?
① 로버트(Robot)
② 애보트(Abbort)
③ 길버트(Gilbert)
④ 보퍼트(Beaufort)

13 다음 중 무인멀티콥터 실기시험의 불합격 사유가 아닌 것은?
① 수험자가 위험한 비행을 하여 안전유지를 위하여 시험위원이 개입한 경우
② 실기시험위원이 위치확인을 위하여 과도하게 이동하도록 비행 조작한 경우
③ 허용한계범위를 벗어난 상태에서 즉각적으로 수정하지 못한 경우
④ 실기시험 표준서에서 규정한 허용한계범위를 지속적으로 벗어나는 경우

14 초경량비행장치 자격증명 운영세칙에 따른 비행경력증명의 발급에 대한 내용 중 틀린 것은?
① 국토교통부 지정 전문교육훈련기관의 장이 발급한 비행경력증명
② 한국교통안전공단에 등록된 지도조종자가 발급한 비행경력증명
③ 민법 제62조에 따라 주무관청과 관련한 업무를 허가받은 비영리법인의 장이 발급한 비행경력증명
④ 초경량비행장치 운영세칙 별지서식 제2-1호를 사용하여 공단에 등록된 지도조종자가 발급한 비행경력증명

15 구름이 전혀 없는 하늘의 상태를 표현하는 항공기상 용어는?

① BKN
② CLR
③ OVC
④ SCT

16 다음 중 신고를 요하지 아니하는 초경량비행장치는?

① 연료의 무게를 제외한 자체중량이 13Kg인 초경량비행장치
② 자체중량이 120Kg인 국사목적으로 사용되는 초경량비행장치
③ 연구목적으로 제작된 25Kg을 초과하는 초경량비행장치
④ 환경부에서 대기질 조사를 위해 제작한 13Kg을 초과하는 초경량비행장치

17 다음은 초경량비행장치의 신고에 대한 내용이다. 틀린 것은?

① 신고를 한 날로부터 국토교통부령으로 정한 날짜를 초과하는 경우는 그 다음날에 신고가 수리된 것이다.
② 신고담당자는 신고를 받은 날로부터 5일 이내에 수리여부 또는 지연사유를 통지하여야 한다.
③ 신고자는 신고증명서와 함께 교부받은 신고번호를 해당 장치에 규정에 맞게 표시하여야한다.
④ 신고자는 초경량비행장치의 제원 및 성능표를 함께 제출하여야한다.

18 다음은 안개에 대한 설명이다. 바르지 않은 것은?

① 안개는 안정된 대기에서 주로 발생한다.
② 공기 중에 작은 물방울이 떠있는 것으로 수평시정 1Km 이내인 것이 안개이다.
③ 안개와 같으며 수평시정이 1Km 이상인 경우는 박무(Mist)라고 부른다.
④ 따뜻한 지면과의 마찰로 인해 수증기가 포화되어 발생하는 안개를 복사안개라고 한다.

19 다음 중 무인멀티콥터 실기시험에 응시할 수 없는 사람은?

① 무인헬리콥터 자격증을 취득한 후 무인멀티콥터를 10시간 이상 비행한 사람
② 무인비행기 자격증을 취득한 후 무인멀티콥터를 10시간 이상 비행한 사람
③ 무인멀티콥터 비행시간이 총 30시간 이상인 사람
④ 무인멀티콥터 비행시간이 총 20시간 이상인 사람.

20 항공안전법 제131조에서는 초경량비행장치조종자의 주류 등 섭취에 따른 행정조치에 대해 정하고 있다. 다음의 보기 중 알콜농도에 따른 행정조치를 바르게 연결한 것은?

① 혈중알콜농도 0.02 : 효력정지 30일
② 혈중알콜농도 0.03 : 효력정지 60일
③ 혈중알콜농도 0.05 : 효력정지 90일
④ 혈중알콜농도 0.09 : 효력정지 120일

실기평가관 시험 실전모의고사 제1회

정답 및 해설

| 01 | ③ | 02 | ② | 03 | ① | 04 | ③ | 05 | ④ | 06 | ① | 07 | ② | 08 | ② | 09 | ③ | 10 | ③ |
| 11 | ④ | 12 | ③ | 13 | ③ | 14 | ④ | 15 | ④ | 16 | ① | 17 | ④ | 18 | ① | 19 | ③ | 20 | ④ |

01

구분	초경량비행장치	경량항공기
무게 기준	자체중량 115kg이하	최대이륙중량 600kg 이하
좌석 수	1인승	2인승 이하
종류	동력비행장치, 회전익비행장치, 동력패러글라이더, 행글라이더, 패러글라이더, 낙하산류, 기구류, 무인비행장치(비행기,헬리콥터,멀티콥터,비행선)	타면조종형비행기, 체중이동형비행기, 경량헬리콥터, 자이로플레인, 동력패러슈트

02 초경량비행장치 비행자격증명의 응시자격: 만 14세 이상, 2종 보통 이상의 운전면허 또는 이를 갈음할 수 있는 신체검사 증명 소지자로서 해당 비행장치의 비행경력이 20시간 이상인자.

03 초경량비행장치를 신고할 때는 초경량비행장치를 소유하고 있음을 증명하는 서류와 제원 및 성능표, 비행안전을 확보하기 위한 기술상의 기준에 적합함을 증명하는 서류, 기체 사진가로15센티미터X세로10센티미터 등을 첨부하여야한다.

04 초경량비행장치 조종자는 법 제129조제1항에 따라 다음 각 호의 어느 하나에 해당하는 행위를 하여서는 아니 된다. 다만, 무인비행장치의 조종자에 대하여는 제4호 또는 제5호를 적용하지 아니한다.

① 인명이나 재산에 위험을 초래할 우려가 있는 낙하물을 투하(投下)하는 행위
② 인구가 밀집된 지역이나 그밖에 사람이 많이 모인 장소의 상공에서 인명 또는 재산에 위험을 초래할 우려가 있는 방법으로 비행하는 행위
③ 법 제78조제1항에 따른 관제공역·통제공역·주의공역에서 비행하는 행위. 다만, 법 제127조에 따라 비행승인을 받은 경우와 다음 각 목의 행위는 제외한다.
  가. 군사목적으로 사용되는 초경량비행장치를 비행하는 행위
  나. 다음의 어느 하나에 해당하는 비행장치를 별표 23 제2호에 따른 관제권 또는 비행금지구역이 아닌 곳에서 제199조 제1호 나목에 따른 최저비행고도(150미터) 미만의 고도에서 비행하는 행위
  • 무인비행기, 무인헬리콥터 또는 무인멀티콥터 중 최대이륙중량이 25킬로그램 이하인 것
  • 무인비행선 중 연료의 무게를 제외한 자체무게가 12킬로그램 이하이고, 길이가 7미터 이하인 것
④ 안개 등으로 인하여 지상목표물을 육안으로 식별할 수 없는 상태에서 비행하는 행위
⑤ 별표 24에 따른 비행시정 및 구름으로부터의 거리기준을 위반하여 비행하는 행위

⑥ 일몰 후부터 일출 전까지의 야간에 비행하는 행위. 다만, 제199조제1호 나목에 따른 최저비행고도(150미터) 미만의 고도에서 운영하는 계류식 기구 또는 법 제124조 전단에 따른 허가를 받아 비행하는 초경량비행장치는 제외한다.

⑦ 「주세법」 제3조제1호에 따른 주류, 「마약류 관리에 관한 법률」 제2조제1호에 따른 마약류 또는 「화학물질관리법」 제22조제1항에 따른 환각물질 등(이하 "주류등"이라 한다)의 영향으로 조종업무를 정상적으로 수행할 수 없는 상태에서 조종하는 행위 또는 비행 중 주류 등을 섭취하거나 사용하는 행위

⑧ 그밖에 비정상적인 방법으로 비행하는 행위

2) 초경량비행장치 조종자는 항공기 또는 경량항공기를 육안으로 식별하여 미리 피할 수 있도록 주의하여 비행하여야 한다.

3) 동력을 이용하는 초경량비행장치 조종자는 모든 항공기, 경량항공기 및 동력을 이용하지 아니하는 초경량비행장치에 대하여 진로를 양보하여야 한다.

4) 무인비행장치 조종자는 해당 무인비행장치를 육안으로 확인할 수 있는 범위에서 조종하여야 한다. 다만, 법 제124조 전단에 따른 허가를 받아 비행하는 경우는 제외한다.

05

위반행위	근거 법조항	과태료 금액		
		1차 위반	2차 위반	3차 이상 위반
조종자준수사항을 따르지 않고 비행	166조3항 8호	20	100	200

06 초경량비행장치로 인한 사고의 보고내용은
① 조종자 및 비행장치 소유자의 성명 및 명칭
② 사고발생 일시 및 장소
③ 사고기체의 종류 및 신고번호
④ 사고경위

07

구분	초경량비행장치	경량항공기
무게 기준	자체중량 115kg이하	최대이륙중량 600kg 이하
좌석 수	1인승	2인승 이하
종류	동력비행장치, 회전익비행장치, 동력패러글라이더, 행글라이더, 패러글라이더, 낙하산류, 기구류, 무인비행장치(비행기,헬리콥터,멀티콥터,비행선)	타면조종형비행기, 체중이동형비행기, 경량헬리콥터, 자이로플레인, 동력패러슈트

08 비행시간은 실제 비행시간의 1시간에 대한 백분율로 기록한다. 예 : 15분 = 15분÷60분×100 = 0.25시간

09 기장시간 : 단독으로 비행한 시간
훈련시간 : 교육생이 공단에 등록된 지도조종자로부터 교육을 받은 시간ç교관시간 : 지도조종자가 비행교육을 목적으로 교육생을 실기비행교육을 실시한 시간

10 1. 전문교육기관의 장이 증명한 비행경력 등
2. 공단에 등록된 지도조종자가 증명한 비행경력 등
3. 민법 제32조에 따라 주무관청으로부터 조종자증명에 관한 업무를 허가받은 비영리법인의 장이나 그 산하단체의 장이 증명한 비행경력 등

11 초경량비행장치 자격증명 운영세칙 제41조(합격자의 결정 및 발표) ① 실기시험의 합격은 제40조제2항에 따른 실기시험 채점표의 모든 항목에서 "S"등급 이어야 한다. 〈개정 2015.2.9〉

12 실기시험위원 등록에 대한 비행경력은 별도로 정해지지 않았으나, 지도조종자 이상인자이어야 하고, 2018년 1회 실기시험위원 공개모집 시 비행경력은 지도조종자는 추가 단독비행 200시간 이상(총 300시간 이상), 평가조종사는 추가 단독비행 100시간 이상(총 250시간 이상)이다.

chapter 04 실기평가조종자(평가관) 실전모의고사

13 실기시험 합격수준
실기시험위원은 응시자가 다음 조건을 충족할 경우에 합격판정을 내려야 한다.
가. 표준서에서 정한 기준 내에서 실기영역을 수행해야 한다.
나. 각 항목을 수행함에 있어 숙달된 비행장치 조작을 보여주어야 한다.
다. 본 표준서의 기준을 만족하는 능숙한 기술을 보여 주어야 한다.
라. 올바른 판단을 보여 주어야 한다.

14 초경량비행장치 실기시험 표준서를 정독하고 이해할 것

15 실기시험원격채점프로그램은 시험 일자에만 로그인가능하다.

16 실기시험 채점프로그램 사용 매뉴얼은 http://lic.korea.or.kr/downloads.act에서 프로그램을 다운받아 설치하면 볼 수 있다.

17 가. 기체관련사항 평가기준
 1) 비행장치 종류에 관한 사항
 기체의 형식인정과 그 목적에 대하여 이해하고 해당 비행장치의 요건에 대하여 설명할 수 있을 것
 2) 비행허가에 관한 사항
 항공안전법 제124조에 대하여 이해하고, 비행안전을 위한 기술상의 기준에 적합하다는 '안전성인증서'를 보유하고 있을 것
 3) 안전관리에 관한 사항
 안전관리를 위해 반드시 확인해야 할 항목에 대하여 설명할 수 있을 것
 4) 비행규정에 관한 사항
 비행규정에 기재되어 있는 항목(기체의 재원, 성능, 운용한계, 긴급조작, 중심위치 등)에 대하여 설명할 수 있을 것
 5) 정비규정에 관한 사항
 정기적으로 수행해야 할 기체의 정비, 점검, 조정 항목에 대한 이해 및 기체의 경력 등을 기재하고 있을 것
나. 조종자에 관련한 사항 평가기준
 1) 신체조건에 관한 사항
 유효한 신체검사증명서를 보유하고 있을 것
 2) 학과합격에 관한 사항
 필요한 모든 과목에 대하여 유효한 학과합격이 있을 것
 3) 비행경력에 관한 사항
 기량평가에 필요한 비행경력을 지니고 있을 것
 4) 비행허가에 관한 사항
 항공안전법 제125조에 대하여 설명할 수 있고 비행안전요원은 유효한 조종자 증명을 소지하고 있을 것
다. 공역 및 비행장에 관련한 사항 평가기준
 1) 공역에 관한 사항
 비행관련 공역에 관하여 이해하고 설명할 수 있을 것
 2) 비행장 및 주변 환경에 관한 사항
 초경량비행장치 이착륙장 및 주변 환경에서 운영에 관한 지식

18 기체에 관련한 사항
1) 비행장치 종류에 관한 사항
2) 비행허가에 관한 사항
3) 안전관리에 관한 사항
4) 비행규정에 관한 사항
5) 정비규정에 관한 사항

19 응시자가 수행한 어떠한 항목이 표준서의 기준을 만족하지 못하였다고 실기시험위원이 판단하였다면 그 항목은 통과하지 못한 것이며 실기시험은 불합격 처리가 된다. 이러한 경우 실기시험위원이나 응시자는 언제든지 실기시험을 중지할 수 있다. 다만 응시자의 요청에 의하여 시험은 계속될 수 있으나 불합격 처리된다.
실기시험 불합격에 해당하는 대표적인 항목들은 다음과 같다.
가. 응시자가 비행안전을 유지하지 못하여 시험위원이 개입한 경우.

나. 비행기동을 하기 전에 공역확인을 위한 공중경계를 간과한 경우.

다. 실기영역의 세부내용에서 규정한 조작의 최대 허용한계를 지속적으로 벗어난 경우.

라. 허용한계를 벗어났을 때 즉각적인 수정 조작을 취하지 못한 경우 등이다.

마. 실기시험 시 조종자가 과도하게 비행자세 및 조종위치를 변경한 경우

20 실기시험표준서는 초경량비행장치 무인멀티콥터 조종자 실기시험의 신뢰와 객관성을 확보하고 초경량비행장치 조종자의 지식 및 기량 등의 확인과정을 표준화하여 실기시험 응시자에 대한 공정한 평가를 목적으로 한다.

실기평가관 시험 실전모의고사 제2회

정답 및 해설

01	③	02	④	03	③	04	②	05	①	06	②	07	④	08	③	09	①	10	④
11	①	12	④	13	②	14	③	15	②	16	①	17	②	18	④	19	②	20	②

01

구분	초경량비행장치	경량항공기
무게 기준	자체중량 115kg이하	최대이륙중량 600kg 이하
좌석 수	1인승	2인승 이하
종류	동력비행장치, 회전익비행장치, 동력패러글라이더, 행글라이더, 패러글라이더, 낙하산류, 기구류, 무인비행장치(비행기,헬리콥터,멀티콥터,비행선)	타면조종형비행기, 체중이동형비행기, 경량헬리콥터, 자이로플레인, 동력패러슈트

02 기온은 지상 1.5m높이의 백엽상에서, 바람은 장애물이 없는 10m높이에서 측정한다.

03 조종자증명 운영세칙 제44조의2(합격결정의 이의신청 등) ① 제33조 및 제41조에 따라 조종자증명시험의 합격결정에 대하여 이의가 있는 사람은 그 결과를 통보받은 날부터 7일 이내에 공단 이사장에게 이의신청을 하여야 한다. 〈신설 2013.6.7., 2015.2.9., 2017.04.18〉

04

위반행위	근거 법조항	과태료 금액		
		1차 위반	2차 위반	3차 이상 위반
조종자준수사항을 따르지 않고 비행	166조3항 8호	20	100	200

05 기체에 관련한 사항
1) 비행장치 종류에 관한 사항
2) 비행허가에 관한 사항
3) 안전관리에 관한 사항
4) 비행규정에 관한 사항
5) 정비규정에 관한 사항

06 제9조의3(지도조종자 등록취소 등) ① 공단 이사장은 제9조의2에 따라 지도조종자로 등록된 사람이 다음 각 호의 어느 하나에 해당되는 때에는 지도조종자 등록을 취소할 수 있다. 〈개정 2015.2.9., 2017.04.18〉
1. 법 제125조제2항에 따른 행정처분을 받은 경우
2. 허위로 작성된 비행경력증명서등을 확인하지 아니하고 서명 날인한 경우
3. 비행경력증명서등(로그북을 포함한다)을 허위로 제출한 경우
4. 실기시험위원으로 지정된 사람이 부정한 방법으로 실기시험을 진행한 경우
5. 거짓이나 그 밖의 부정한 방법으로 지도조종자로 등록된 경우

07 비행시간은 실제 비행시간의 1시간에 대한 백분율로 기록한다. 예 : 15분 = 15분÷60분 × 100 = 0.25시간

08 지도조종자 등록취소 통보를 받은 사람은 통보받은 날로부터 30일 이내에 공단 이사장에게 이의를 제기할 수 있다. 〈개정 2017.04.18〉

09 실기시험 합격수준
실기시험위원은 응시자가 다음 조건을 충족할 경우에 합격판정을 내려야 한다.
가. 표준서에서 정한 기준 내에서 실기영역을 수행해야 한다.
나. 각 항목을 수행함에 있어 숙달된 비행장치 조작을 보여주어야 한다.
다. 본 표준서의 기준을 만족하는 능숙한 기술을 보여 주어야 한다.
라. 올바른 판단을 보여 주어야 한다.

10 가. 기체관련사항 평가기준
　1) 비행장치 종류에 관한 사항
　　기체의 형식인정과 그 목적에 대하여 이해하고 해당 비행장치의 요건에 대하여 설명할 수 있을 것
　2) 비행허가에 관한 사항
　　항공안전법 제124조에 대하여 이해하고, 비행안전을 위한 기술상의 기준에 적합하다는 '안전성인증서'를 보유하고 있을 것
　3) 안전관리에 관한 사항
　　안전관리를 위해 반드시 확인해야 할 항목에 대하여 설명할 수 있을 것
　4) 비행규정에 관한 사항
　　비행규정에 기재되어 있는 항목(기체의 재원, 성능, 운용한계, 긴급조작, 중심위치 등)에 대하여 설명할 수 있을 것
　5) 정비규정에 관한 사항
　　정기적으로 수행해야 할 기체의 정비, 점검, 조정 항목에 대한 이해 및 기체의 경력 등을 기재하고 있을 것
나. 조종자에 관련한 사항 평가기준
　1) 신체조건에 관한 사항
　　유효한 신체검사증명서를 보유하고 있을 것
　2) 학과합격에 관한 사항
　　필요한 모든 과목에 대하여 유효한 학과합격이 있을 것
　3) 비행경력에 관한 사항
　　기량평가에 필요한 비행경력을 지니고 있을 것
　4) 비행허가에 관한 사항
　　항공안전법 제125조에 대하여 설명할 수 있고 비행안전요원은 유효한 조종자 증명을 소지하고 있을 것
다. 공역 및 비행장에 관련한 사항 평가기준
　1) 공역에 관한 사항
　　비행관련 공역에 관하여 이해하고 설명할 수 있을 것
　2) 비행장 및 주변 환경에 관한 사항
　　초경량비행장치 이착륙장 및 주변 환경에서 운영에 관한 지식

11 3. 종합능력 관련사항
가. 계획성
나. 판단력
다. 규칙의 준수
라. 조작의 원활성
마. 안전거리 유지

12 영국의 해군 제독이며 수로학자인 보퍼트는 1829~1854년까지 영국의 수로 부장을 역임하였다. 1806년 해상의 파랑 상황을 기준으로 풍력계급을 고안하였다. 보퍼트 풍력계급은 다소 수정을 거쳐 1838년 이후 영국 해군에서 공식적으로 사용하였으며, 현재는 육상 / 해상 에서 풍력을 측정하는 기준이 되고 있다

13 실기시험 합격수준
실기시험위원은 응시자가 다음 조건을 충족할 경우에 합격판정을 내려야 한다.
가. 표준서에서 정한 기준 내에서 실기영역을 수행해야 한다.
나. 각 항목을 수행함에 있어 숙달된 비행장치 조작을 보여주어야 한다.
다. 본 표준서의 기준을 만족하는 능숙한 기술을 보여 주어야 한다.
라. 올바른 판단을 보여 주어야 한다.

chapter 04 실기평가조종자(평가관) 실전모의고사

14
1. 전문교육기관의 장이 증명한 비행경력 등
2. 공단에 등록된 지도조종자가 증명한 비행경력 등
3. 민법 제32조에 따라 주무관청으로부터 조종자증명에 관한 업무를 허가받은 비영리법인의 장이나 그 산하단체의 장이 증명한 비행경력 등

15
BKN(Broken) : 5 / 8~7 / 8 구름양 많음
CLR(Clear) : 12,000ft 이하 구름 없음 (자동관측소), SKC(Sky clear) : 구름양 0 맑음 (수동 관측소)
OVC(Overcast) : 8 / 8 구름이 하늘을 가림
SCT(Scattered) : 3 / 8~4 / 8 구름양 절반

16 신고를 필요로 하지 아니하는 초경량비행장치의 범위
① 행글라이더, 패러글라이더 등 동력을 이용하지 아니하는 비행장치 ② 계류식(繫留式) 기구류(사람이 탑승하는 것은 제외한다) ③ 계류식 무인비행장치 ④ 낙하산류 ⑤ 무인동력비행장치 중에서 연료의 무게를 제외한 자체무게(배터리 무게를 포함한다)가 12킬로그램 이하인 것 ⑥ 무인비행선 중에서 연료의 무게를 제외한 자체무게가 12킬로그램 이하이고, 길이가 7미터 이하인 것 ⑦ 연구기관 등이 시험·조사·연구 또는 개발을 위하여 제작한 초경량비행장치 ⑧ 제작자 등이 판매를 목적으로 제작하였으나 판매되지 아니한 것으로서 비행에 사용되지 아니하는 초경량비행장치

17 초경량비행장치의 신고담당자는 신고를 접수한 날로부터 7일 이내에 수리여부를 통지하여야한다.

18 김안개 / 증기안개(Steam Fog), 증발안개(Evaporation Fog)
찬 공기가 따뜻한 수면 또는 습한 지면 위를 이동해 오면 기온과 수온의 차에 의해 수면으로부터 물이 증발하여 수증기가 올라와 공기가 포화되며 응결되어 생기는 안개다. 주로 이른봄이나 겨울철 해수나 호수에서 발생한다.

19
- 무인멀티콥터를 조종한 시간이 총 20시간 이상인 사람 (30시간은 20시간 이상에 해당한다)
- 무인회전익(헬리콥터) 조종자 증명을 받은 사람으로서 무인멀티콥터를 조종한 시간이 총 10시간 이상인 사람

20
- 혈중 알콜농도 0.02퍼센트 이상 0.06퍼센트 미만 : 효력정지 60일.
- 혈중 알콜농도 0.06퍼센트 이상 0.09퍼센트 미만 : 효력정지 120일.
- 혈중 알콜농도 0.09퍼센트 이상 : 효력정지 180일 또는 자격증명 취소.

평가조종자(평가관)실기검정, 실기평가위원 실기검정

I. 시험개요

1. 평가방법 : 평가위원(E/C-evaluation committee), 3심제(조종자 후방, 좌측(9시 방향), 우측(3시 방향))

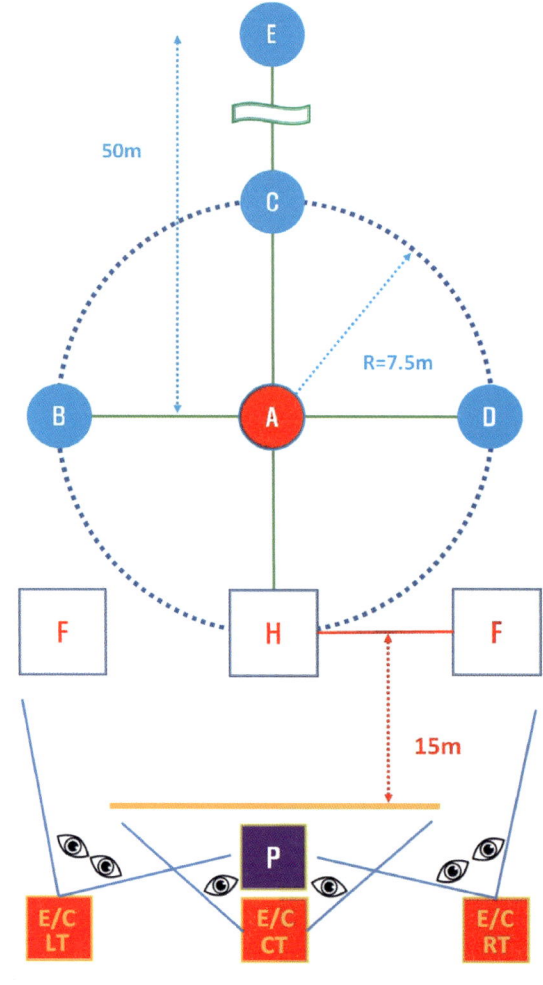

▲ 평가조종자/실기평가위원 실기검정시험장의 구조

chapter 04 실기평가조종자(평가관) 실기시험요령

2. 평가과제 : 실기비행 자세모드(애띠모드/Attitude-Mode)비행 6개 과제

① 이륙비행　　　　　　　② 공중 정지비행(좌/우 호버링)

③ 직진 및 후진 수평비행　④ 삼각비행

⑤ 원주비행(러더턴)　　　⑥ 비상조작(비상착륙)

3. 평가기준 : 6개의 전 과제에서 각 항목별 2명이상 심사위원의 "S"등급(만족/Satisfactory)을 받아야 한다.

1) 실격조건

① 장치신고서 및 보험증권, 안전장비(안전모 등)를 지참하지 않은 경우

② 비행 중 어떠한 수험자에 의해 비행을 중단하는 경우

③ 비행 중 자세모드(Attitude-mode)를 해제하거나 기체세팅에 의해 자세모드가 해제되는 경우

④ 검정 중 시험위원의 지시에 불응하거나 사고를 일으킨 경우

⑤ 비행시간이 과도하게 오래 걸리는 경우 (6개 과제를 6분 이내에 완료하여야 한다.)

2) 합격/불합격 판정조건

① 합격되는 경우 : 총 "U"등급 판정과 관계없이 각 과제별 "S"등급 2개를 받으면 합격 (각 과제별 "U"등급 1개까지는 합격)

	위원1	위원2	위원3	S계	U계
이륙비행	S	S	U	2	1
공중 정지비행	S	U	S	2	1
직진 및 후진 수평비행	S	S	U	2	1
삼각비행	S	U	S	2	1
원주비행	U	S	S	2	1
비상조작	S	S	U	2	1
판정				합격	

S(만족/Satisfactory), U(불만족/Unsatisfactory)

② 불합격되는 경우 : 총 "U"등급 판정과 관계없이 각 과제별 "U"등급 2개를 받으면 불합격

	위원1	위원2	위원3	S계	U계
이륙비행	S	S	S	3	
공중 정지비행	S	S	S	3	
직진 및 후진 수평비행	S	U	U	1	2
삼각비행	S	S	S	3	
원주비행	S	S	S	3	
비상조작	S	S	S	3	
판정				불합격	

S(만족/Satisfactory), U(불만족/Unsatisfactory)

II. 시험의 진행

i. 비행 전 점검 : 조종자자격시험의 비행 전 점검과 동일하게 진행한다.

① 배터리장착 (배터리 충전상태, 커넥터 상태, 배부름상태)

② 기체점검 (프로펠러, 모터, 모터베이스, 프레임, 암대, 조종기, 아워미터)

③ 공역확인 (비행장 안전점검, 좌/전/우/후방 확인, 풍향, 풍속)

ii. 비행과제

1. 이륙비행

① 기체 시동 (GPS-Mode)

② 애띠모드 변경 (LED 시그널 점등확인)

③ 이륙 (일정한 속도로 천천히 이륙한다.)

④ 정지 (3~5m 범위에서 정지하고 시험 중 정지고도를 기준으로 상/하 0.5m 범위를 유지하여야한다.)

⑤ 호버링 위치로 이동 (기수전방확인하고 일정한 속도로 호버링 위치에 정확히 이동 후 5초간 호버링 한다.)

chapter 04 실기평가조종자(평가관) 실기시험요령

비법전수 평가조종자/실기평가위원 시험에서 합격하려면...
① 일정한 동작을 보여주어야 한다.
  - 속도의 변화, 지나치게 빠르거나 느린 속도(이동/회전/상승/하강)는 전반적으로 비행능력이 부족하다는 뜻이다.
② 안정적인 동작을 보여주어야 한다.
  - 자세모드에서의 비행이지만 GPS모드에 버금가는 위치고정, 기체의 안정을 보여주어야 한다. 위치가 계속변하거나 기체의 자세가 수시로 기울어지면 안 된다.
③ 정확한 방향/위치를 맞추어야한다.
  - 조종자 자격시험의 기준보다 정확하게 해야 한다. (정지 Point 사방1m ⇨ 50Cm, 기수전방 좌/우 15° ⇨ 2°)

2. 공중 정지비행(호버링)

① 좌측 호버링 : 기수를 좌로90° 틀어지도록 Yaw스틱을 조작하여 일정한 속도로 회전하고 정확히 좌측면이 되면 정지 후 5초간 호버링 한다.
② 우측 호버링 : 기수를 우로180° 회전하고 정확히 우측면에 정지 후 5초간 호버링 한다.
③ 기수 정렬(후면 호버링) : 기수를 좌로90° 다시 회전하여 정확히 기수를 정렬한 후 정지 후 5초간 호버링 한다.

비법전수 평가조종자/실기평가위원 시험에서 가장 어려운 좌/우 호버링 과제를 연습하는 방법
① 다양한 방향의 바람을 맞으며 연습해야한다.
  - 바람은 변화무쌍하다. 시험 중 바람의 방향이 바뀌는 경우가 많으므로 여러 방향의 바람을 지속적으로 맞으며 호버링하는 연습을 게을리 하면 안 된다.
② 조금씩 회전량을 늘려가라.
  - 자세모드에서 회전 및 호버링은 매우 어렵다 바람이 불지 않아도 어렵지만 바람까지 불게 되면 아무리 고수라도 기체가 흐르게 된다. 특히 회전을 하게 되면 방향감각이 흐려지면서 순식간에 기체가 다른 곳으로 이동하게 된다.
  - 먼저15° 회전 후 기수정렬하기를 반복하고, 익숙해지면 30°, 45°, 60° 식으로 계속해서 회전하는 양을 조금씩 늘려가면서 반복연습하면 빠르게 실력을 키울 수 있다.

③ 시야를 크게 볼 수 있도록 연습하라.
- 자세모드에서 좌우측 호버링은 멀티콥터비행과제 중 가장 어려운 과제이다. 그래서 다들 기체를 뚫어져라 쳐다보며 조금의 이동에도 민감하게 조종간을 움직이며 기체를 안정시키려고 한다. 하지만 기체는 호버링위치(A점)에 정확히 위치한 상태에서 좌우로 회전해야만 합격할 수 있다. 물론 기체의 방향/자세/안정이 중요하지만 시야를 크게 두고 정지 점을 벗어나지 않도록 신경을 써야한다는 점을 잊지 말자.

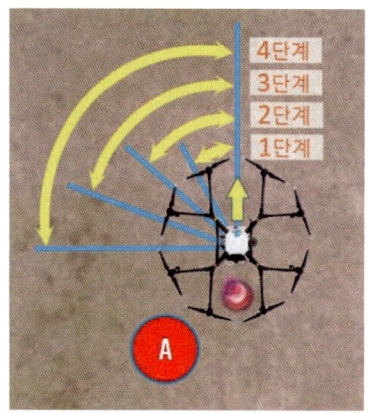

훈련 초기단계 : 1~4단계까지 순차적으로 늘여가기

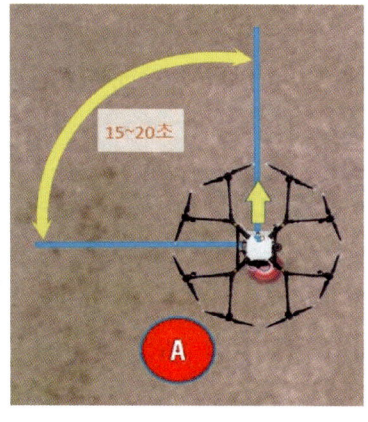

훈련 중기단계 : 15~20초간 일정한 속도로 90°회전

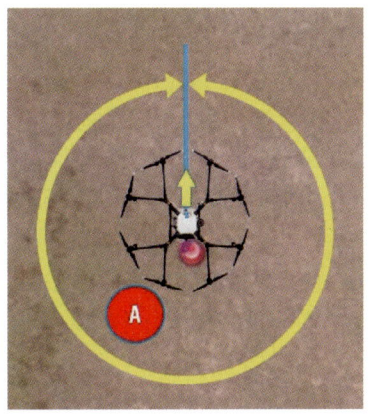

숙련단계 : 일정한 속도로 360°회전

▲ 공중 정지비행과제 좌/우측 호버링 훈련방법

3. 직진 및 후진 수평비행 (전진 및 후진비행)

① 전진 : Pitch스틱을 전진 조작하여 일정한 속도로 50m점(E점)을 향해 이동하여 5m 이내의 범위에 도달하면 즉시 후진조작(브레이크)하여 정지시키고 위치가 정확하면 5초간 호버링 한다.

② 후진 : Pitch스틱을 후진 조작하여 호버링위치(A점)에 정확히 정지 후 5초간 호버링 한다.

> **비법전수** 평가위원의 시선에 어떻게 보이는지 알아야 합격할 수 있다.
> ① 50m 전진비행의 여유는 E점 전/후 5m 이지만 2m 이내로 맞춰야만 한다.
>   - 3심제로 이루어지는 평가에서 좌심(9시 방향)과 우심(3시 방향)의 시야는 주심(조종자위치)의 위치와 보는 시각이 다르므로 판정이 다르게 될 수 있다.
>   - E점으로부터 5m 지나 위치하게 되는 경우: 좌심은 기체가 좌로 이탈, 우심은 우로 이탈했다고 볼 수 있다.
>   - E점으로부터 5m 전에 위치하게 되는 경우: 좌심은 기체가 우로 이탈, 우심은 좌로 이탈했다고 볼 수 있다.

② 전진/후진 가속은 10m면 충분하다.
- 하늘에 떠 있는 드론은 마찰이 거의 없는 빙판위에 있는 것과 같다. 특히 GPS모드가 해제된 자세모드의 기체는 조금의 조작에도 쉽게 미끄러져 가고 거기에 가속도까지 더해져서 순식간에 빠른 속도로 이동하게 된다.
- 먼저 10m 정도 전진비행 후 Pitch 스틱의 힘을 빼더라도 기체는 그 탄력으로 50m까지 비행하게 된다. 다만 출발 시 속도가 너무 느리면 50m까지 도달하는 시간이 많이 걸리거나 평가위원들의 인내심을 시험하는 계기가 될 수 있으므로 정해진 속도(초속 2m 내외 또는 50m 도달까지 30초 이내)가 될 수 있도록 평소에 연습하면서 시간을 재어보는 것이 중요하다.

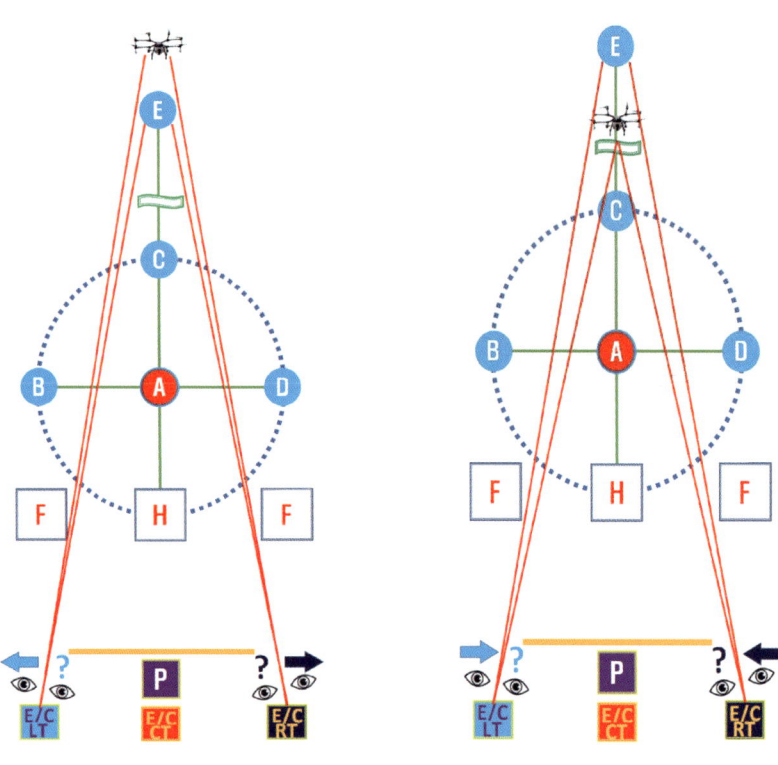

E점 5m 후방에 있는 경우   E점 5m 전방에 있는 경우

▲ 좌/우 평가위원의 위치에서 보는 시각의 차이

chapter 04 실기평가조종자(평가관) 실기시험요령

▲ 좌측 평가위원의 위치에서 바라본 E점 5m 전/후 기체의 위치차이

▲ 우측 평가위원의 위치에서 바라본 E점 5m 전/후 기체의 위치차이

4. 삼각비행 (3시 방향에서 상승하여 9시 방향으로 하강하는 경우)

① 3시로 이동 : 우로 Roll스틱을 조작하여 전후 간격의 이탈 없이 3시점(D점)에 도착 후 5초간 호버링

② 호버링위치로 상승 : Roll스틱을 좌로 조작함과 동시에 Throttle스틱을 상승으로 조작하여 45° 각으로 상승하여 호버링위치(A점)에 정확히 정지하고 5초간 호버링

③ 9시로 하강 : Roll스틱과 Throttle스틱을 동시에 조작하여 9시점(B)에 도착 후 5초간 호버링

④ 호버링 위치로 이동 : Roll스틱을 우로 조작하여 전후 간격에 유의하며 일정한 속도로 A점에 도착 후 5초간 호버링

비법전수 평가위원의 시선에 어떻게 보이는지 알아야 합격할 수 있다. 삼각비행의 비법은 따로 있었다.

① 삼각비행의 좌/우측 꼭짓점의 도착위치 범위는 서로 반대방향으로 일정한 안전지대가 존재한다.
  - 3시 방향의 꼭짓점에서는 좌심의 시야 때문에 허용범위 부근에 있더라도 좌측 이탈로 보일 수 있다.
    ⇨ 3시 점을 기준으로 / 선을 그어 7시30분 방향, 1시30분 방향에 기체가 위치하면 위치선정에 유리할 수 있다.
  - 9시 방향의 꼭짓점에서 신경 쓰이는 우심의 시야에 대비하여.
    ⇨ 9시 점을 기준으로 \ 선을 그어 10시30분 방향, 4시30분 방향에 기체가 위치하면 유리할 수 있다.
② 하강 시에는 조종자 시험처럼 슬립비행을 하면 안 된다.
  - 조종자시험에서는 하강비행에서 하강속도에 의한 이탈을 막고 위치를 정확하게 맞추기 위해 실제 도착점 보다 조금 짧은 곳에 도착시키면서 Roll스틱을 놓게 되면 GPS가 활성화 되면서 약간의 슬립비행 후 기체가 정지하게 되고 바로 착륙할 수 있다 하지만 평가조종자 실비행 검정에서는 도착점의 비행고도에 이르러 한 번에 멈춰서야한다.
③ 하강 시에는 전/후 좌/우 4방향과 고도까지 전체를 신경써야한다.
  - 실비행 검정시험은 3심제의 엄격한 평가로 진행된다. 한 번의 위치선정 실패로 2명의 평가위원으로부터 "U"등급을 받으면 나머지 5개 과제를 완벽하게 소화하였더라도 불합격된다. 삼각비행과제의 하강비행에서 위치잡기가 실패가 가장 많이 일어난다는 것을 염두에 두고 훈련하여야 한다.

chapter 04 실기평가조종자(평가관) 실기시험요령

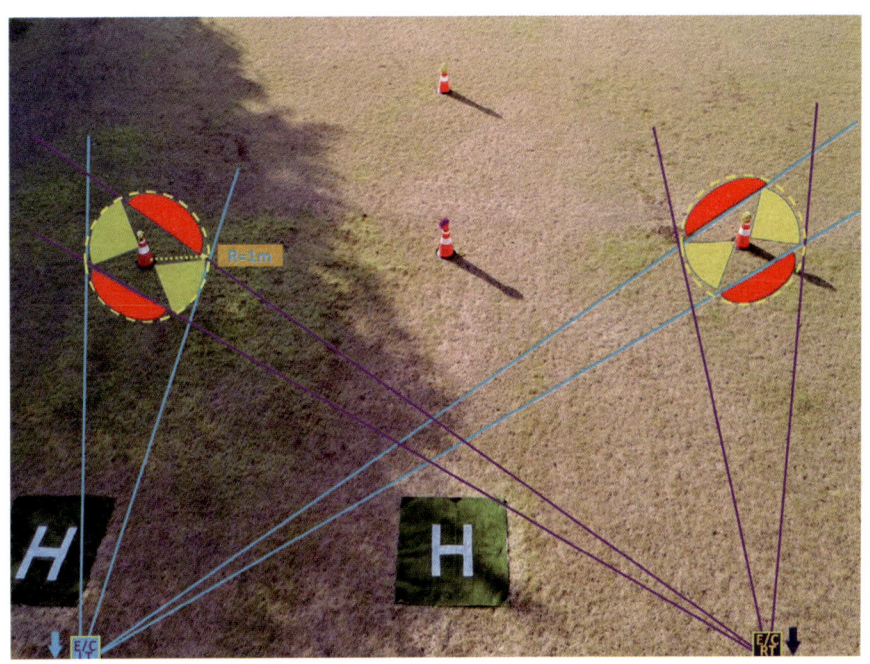

▲ 좌/우 평가위원의 위치에서 보는 시각의 차이에 따라 3시/9시 모두 황색위치가 유리하다.

5. 원주비행(러더턴) (3시 방향으로 회전 – 반시계 방향으로 비행하는 경우)

① 원주비행위치로 : 이착륙장으로 천천히 이동하여 정지 후 5초간 호버링 (안전거리 확보에 유의)

② 원주비행 준비 : Yaw스틱을 우로 조작하여 우측 호버링 상태에서 정지 후 5초간 호버링

③ 원주비행 실시 : Pitch를 조금 전진하면서 Yaw를 조금씩 조작하여 원주를 만들며 전진하되 바람의 방향에 따라 Pitch와 Roll의 양을 적절히 조절하여야한다. 3시점에서 후면(기수전방), 12시점에서 좌측면, 9시점에서 기수정면 방향이 되도록 최대한 천천히 비행을 해야 하며, 비행 중 정지를 해서는 안 된다. 기체가 조금 이탈되더라도 차분하게 일정한 전진속도를 유지한 채 Roll과 Yaw를 조작하여 최대한 자연스러운 비행을 이어가야한다.

④ 도착 동작 : 최대한 천천히 도착하되 안전거리를 침범하지 않도록 해야 하며, 정확하게 우측면 상태에서 정지 후 5초간 호버링
⑤ 완료동작 : 기수를 전방으로 회전하여 정지 후 5초간 호버링

> **비법전수** 차분함과 인내심, 피나는 훈련이 필요한 에띠모드 원주비행
>
> ① 중간 중간 비행이 틀어지더라도 태연하라.
> - 아무리 숙련된 조종자라도 원주비행을 매번 완벽하게 성공하기는 힘들다. 혹 시험 중 기체가 예상치 못한 곳으로 흘러가더라도 곧장 크게 조작하여 기체를 휘청거리게 하면 당황하는 표가 나게 된다. 비록 불합격할 정도의 이탈이 일어나더라도 태연하게 천천히 기체를 원래의 비행코스를 따라가도록 천천히 수정하는 것이 좋다. 평가위원도 사람이다. 물론 비행을 잘해야하지만 경우에 따라서는 평가위원님들의 인심을 기대할 필요도 있다.
> ② 경우에 따라서는 후진으로 전진해야 하는 경우도 있다. 훈련보다 더 좋은 선생은 없다.
> - 내가 전진을 위해 Pitch를 전방으로 1의 힘만큼 밀고 있는데, 정면에서 바람이 2만큼 불어온다면 기체는 전진은커녕 뒤로 1의 속도로 후진하게 된다. 실비행 검정을 치루는 모든 수험자들은 내가 원주비행 할 때만큼은 바람이 불지 않기를 기도한다. 왜냐하면 바람의 영향을 가장 많이 받는 비행이 좌/우측 호버링과 원주비행인데 특히 원주비행은 이동속도까지 더해져 바람의 영향으로 순식간에 이탈하기도 하고 사고로 이어지기도 한다. 그러므로 실비행 검정에 지원하는 수험생은 특히 원주비행훈련을 많이 해야 한다. 특히 원주를 다 돌고 종점에 도착하는 상황에서 바람이 부는 경우가 가장 어렵다. 기체의 후방에서 바람이 불어온다면 기체는 앞으로 가고 있지만 Pitch스틱은 상당히 후진방향으로 브레이크를 걸면서 도착해야 한다. 매우 어려운 동작이다. 물론 바람은 어느 순간 불다가 멈추기도 하기 때문에 무한반복적인 훈련으로 극복할 수밖에 없다.
> ③ 절대로 달리지 말고 일정하고도 꾸준한 속도로 코스를 천천히 완주하자.
> - 조종자 자격시험에서는 비행속도도 들쑥날쑥 하고 경로도 왔다 갔다 한다. 물론 바람이 조금만 불어도 기체가 멈추는 일은 다반사다 하지만 평가조종자와 평가위원에 도전하는 지도자들의 비행이 그들과 같아서 되겠는가? 적어도 150시간 이상의 비행경력을 가진 이들이라면 조종자 시험과는 다른 비행을 보여주어야 하고, 평가위원들 또한 그 정도의 비행을 기대하고 있다. 빠른 속도로 이동하면 돌발상황에 대처할 시간이 부족할 수밖에 없다. 그래서 원주비행은 어떠한 비행보다 천천히 진행하는 것이 좋다.

chapter 04 실기평가조종자(평가관) 실기시험요령

6. 비상조작(비상착륙)

① 2m 고도상승 : 비행고도를 출발하여 일정한 속도로 2m상승한 후 정지

② 비상 : 평가위원의 '비상' 구령 또는 자가 구령으로 정상 비행속도의 1.5배 이상의 속도로 비상착륙장을 향하여 하강한다.

③ 착륙 : 비상착륙장 바닥면으로 부터 1m 이내의 고도에서 눈으로 확인될 정도의 시간(약 1초) 정지 후 착륙장 안에 부드럽게 착륙한다.

> **비법전수** 비상착륙이니 빠르게 해야 하고, 비상착륙이지만 부드럽게 해야 한다.
>
> ① 1.5배 속도로는 약하다 최소 2배 이상의 속도가 필요하다.
>   - 조종자시험에서 요구하는 비상착륙의 속도는 평상시 기동의 1.5배 속도라고 한다. 하지만 150시간 이상 비행으로 숙련된 조종자는 최소한 2배 이상의 속도로 비상착륙을 해야만 숙련된 모양이 보일 것이다.
>   - 실제로 조종자시험에서 의 1.5배 속도는 비행실무에서는 저속에 해당한다.
> ② 숙련된 조종자는 비상착륙과제라고 기체에 큰 충격을 주면서 착륙하지 않는다.
>   - 실제로 산업용 드론을 운용하다가 비상상황이 발생하였다면 상황이 다르겠지만 조종자 실기시험과 실비행 검정시험에서 수행하는 비상착륙의 과제는 시험수준의 범위에서 비행하게 된다. 숙련된 조종자는 교육원에서 교육생이 비행하는 속도의 2~3배의 속도로 비상착륙을 한다고 해도 기체가 상하도록 세게 착륙하지 않는다. 물론 과제의 시작으로부터 착륙까지 최대한 신속하게 진행해야하는 것은 맞지만 털썩 하고 기체를 착륙장에 내동댕이친다면 숙련된 조종자로 비쳐지지 않을 것이다. 신속하되 최대한 사뿐하게 착륙하는 연습도 게을리 하지 말자.

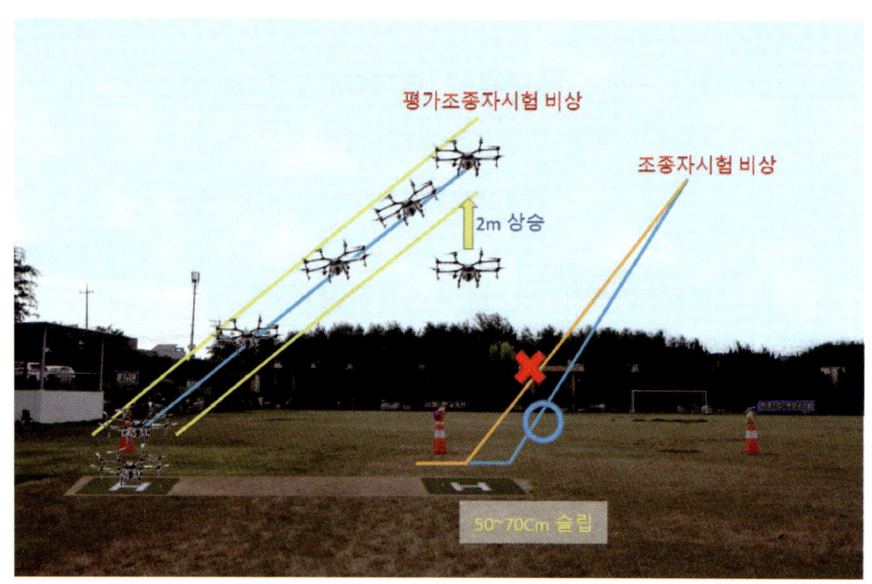

▲ 평가조종자는 슬립을 일으키지 않고 정확히 비상착륙장 1m 이내의 고도에 도착해야한다.

MEMO

chapter 05
초경량비행장치 무인멀티콥터
실기시험표준서

다. 실기시험위원이 초경량비행장치 조종자가 안전하게 임무를 수행하는 능력을 정확하게 평가하는 것은 매우 중요한 것이다.

라. 실기시험위원의 판단하에 현재의 초경량비행장치 나 장비로 특정 과목을 수행하기에 적합하지 않을 경우 그 과목은 구술 평가로 대체할 수 있다.

(7) 초경량비행장치 무인멀티콥터 실기시험 응시 요건

초경량비행장치 무인멀티콥터 실기시험 응시자는 다음 사항을 충족하여야 한다. 응시자가 시험을 신청할 때에 접수 기관에서 이미 확인하였더라도 실기시험위원은 다음 사항을 확인할 의무를 지닌다.

가. 최근 2년 이내에 학과시험에 합격하였을 것
나. 조종자 증명에 한정될 비행장치로 비행교육을 받고 초경량비행장치 조종자 증명 운영 세칙에서 정한 비행경력을 충족할 것
다. 시험 당일 현재 유효한 항공 신체검사 증명서를 소지할 것

(8) 실기시험 중 주의산만(Distraction)의 평가

사고의 대부분이 업무 부하가 높은 비행 단계에서 조종자의 주의산만으로 인하여 발생된 것으로 보고되고 있다. 비행 교육과 평가를 통하여 이러한 부분을 강화시키기 위하여 실기시험위원은 실기시험 중 실제로 주의가 산만한 환경을 만든다. 이를 통하여 시험위원은 주어진 환경 하에서 안전한 비행을 유지하고 조종실의 안과 밖을 확인하는 응시자의 주의 분배 능력을 평가할 수 있는 기회를 갖게 된다.

(9) 실기시험위원의 책임

가. 실기시험위원은 관계 법규에서 규정한 비행 계획 승인 등 적법한 절차를 따르지 않았거나 초경량비행장치의 안전성 인증을 받지 않은 경우(관련 규정에 따른 안전성 인증 면제 대상 제외) 실기시험을 실시해서는 안 된다.
나. 실기시험위원은 실기 평가가 이루어지는 동안 응시자의 지식과

chapter 05 초경량비행장치 무인멀티콥터 실기시험표준서

로, 다음과 같은 내용을 포함하고 있다.

- 응시자의 수행 능력 확인이 반드시 요구되는 항목
- 실기 과목이 수행되어야 하는 조건
- 응시자가 합격할 수 있는 최저 수준

라. '안정된 접근'이라 함은 최소한의 조종간 사용으로 초경량비행장치를 안전하게 착륙시킬 수 있도록 접근하는 것을 말한다. 접근할 때 과도한 조종간의 사용은 부적절한 무인멀티콥터 조작으로 간주된다.

마. '권고된'이라 함은 초경량비행장치 제작사의 권고 사항을 말한다.

바. '지정된'이라 함은 실기시험위원에 의해서 지정된 것을 말한다.

(5) 실기시험 표준서의 사용

가. 실기시험위원은 시험 영역과 과목의 진행에 있어서 본 표준서에 제시된 순서를 반드시 따를 필요는 없으며 효율적이고 원활하게 실기시험을 진행하기 위하여 특정 과목을 결합하거나 진행 순서를 변경할 수 있다. 그러나 모든 과목에서 정하는 목적에 대한 평가는 실기시험 중 반드시 수행되어야 한다.

나. 실기시험위원은 항공법규에 의한 초경량비행장치 조종자의 준수 사항 등을 강조하여야 한다.

(6) 실기시험 표준서의 적용

가. 초경량비행장치 조종자 증명시험에 합격하려고 하는 경우 이 실기시험 표준서에 기술되어 있는 적절한 과목들을 완수하여야 한다.

나. 실기시험위원들은 응시자들이 효율적으로 주어진 과목에 대하여 시범을 보일 수 있도록 지시나 임무를 명확히 하여야 한다. 유사한 목표를 가진 임무가 시간 절약을 위해서 통합되어야 하지만, 모든 임무의 목표는 실기시험 중 적절한 때에 시범 보여야 하며 평가되어야 한다.

초경량비행장치 실기시험 표준서

총칙

(1) 목적

이 표준서는 초경량비행장치 무인멀티콥터 조종자 실기시험의 신뢰와 객관성을 확보하고 초경량비행장치 조종자의 지식 및 기량 등의 확인 과정을 표준화하여 실기시험 응시자에 대한 공정한 평가를 목적으로 한다.

(2) 실기시험 표준서 구성

초경량비행장치 무인멀티콥터 실기시험 표준서는 제1장 총칙, 제2장 실기 영역, 제3장 실기 영역 세부 기준으로 구성되어 있으며, 각 실기 영역 및 실기 영역 세부 기준은 해당 영역의 과목들로 구성되어 있다.

(3) 일반 사항

초경량비행장치 무인멀티콥터 실기시험위원은 실기시험을 시행할 때 이 표준서로 실시하여야 하며 응시자는 훈련을 할 때 이 표준서를 참조할 수 있다.

(4) 실기시험 표준서 용어의 정의

가. '실기 영역'은 실제 비행할 때 행하여지는 유사한 비행 기동들을 모아놓은 것이며, 비행 전 준비부터 시작하여 비행 종료 후의 순서로 이루어져 있다.
　　다만, 실기시험위원은 효율적이고 완벽한 시험이 이루어질 수 있다면 그 순서를 재배열하여 실기시험을 수행할 수 있다.
나. '실기 과목'은 실기 영역 내의 지식과 비행 기동 / 절차 등을 말한다.
다. '실기 영역의 세부 기준'은 응시자가 실기 과목을 수행하면서 그 능력을 만족스럽게 보여주어야 할 중요한 요소들을 열거한 것으

chapter 05 초경량비행장치 무인멀티콥터 실기시험표준서

기술이 표준서에 제시된 각 과목의 목적과 기준을 충족하였는지의 여부를 판단할 책임이 있다.

다. 실기시험에 있어서 "지식"과 "기량" 부분에 대한 뚜렷한 구분이 없거나 안전을 저해하는 경우 구술시험으로 진행할 수 있다.

라. 실기시험의 비행 부분을 진행하는 동안 안전 요소와 관련된 응시자의 지식을 측정하기 위하여 구술시험을 효과적으로 진행하여야 한다.

마. 실기시험위원은 응시자가 정상적으로 임무를 수행하는 과정을 방해하여서는 안 된다.

바. 실기시험을 진행하는 동안 시험위원은 단순하고 기계적인 능력의 평가보다는 응시자의 능력이 최대로 발휘될 수 있도록 기회를 제공하여야 한다.

(10) 실기시험 합격 수준

실기시험위원은 응시자가 다음 조건을 충족할 경우에 합격 판정을 내려야 한다.

가. 본 표준서에서 정한 기준 내에서 실기 영역을 수행해야 한다.
나. 각 항목을 수행함에 있어 숙달된 비행장치 조작을 보여주어야 한다.
다. 본 표준서의 기준을 만족하는 능숙한 기술을 보여주어야 한다.
라. 올바른 판단을 보여주어야 한다.

(11) 실기시험 불합격의 경우

응시자가 수행한 어떠한 항목이 표준서의 기준을 만족하지 못하였다고 실기시험위원이 판단하였다면 그 항목은 통과하지 못한 것이며 실기시험은 불합격 처리가 된다. 이러한 경우 실기시험위원이나 응시자는 언제든지 실기시험을 중지할 수 있다. 다만 응시자의 요청에 의하여 시험은 계속될 수 있으나 불합격 처리된다.
실기시험 불합격에 해당하는 대표적인 항목들은 다음과 같다.

가. 응시자가 비행 안전을 유지하지 못하여 시험위원이 개입한 경우
나. 비행 기동을 하기 전에 공역 확인을 위한 공중 경계를 간과한 경우

다. 실기 영역의 세부 내용에서 규정한 조작의 최대 허용 한계를 지속적으로 벗어난 경우
라. 허용 한계를 벗어났을 때 즉각적인 수정 조작을 취하지 못한 경우 등
마. 실기시험 시 조종자가 과도하게 비행 자세 및 조종 위치를 변경한 경우

② 실기 영역

(1) 구술 관련 사항

가. 기체에 관련한 사항
　　1) 비행장치 종류에 관한 사항
　　2) 비행 허가에 관한 사항
　　3) 안전 관리에 관한 사항
　　4) 비행 규정에 관한 사항
　　5) 정비 규정에 관한 사항

나. 조종자에 관련한 사항
　　1) 신체 조건에 관한 사항
　　2) 학과 합격에 관한 사항
　　3) 비행경력에 관한 사항
　　4) 비행 허가에 관한 사항

다. 공역 및 비행장에 관련한 사항
　　1) 기상 정보에 관한 사항
　　2) 이 착륙장 및 주변 환경에 관한 사항

라. 일반 지식 및 비상 절차
　　1) 비행 규칙에 관한 사항
　　2) 비행 계획에 관한 사항
　　3) 비상 절차에 관한 사항

마. 이륙 중 엔진 고장 및 이륙 포기
　　1) 이륙 중 엔진 고장에 관한 사항
　　2) 이륙 포기에 관한 사항

chapter 05 초경량비행장치 무인멀티콥터 실기시험표준서

(2) 실기 관련 사항

가. 비행 전 절차
  1) 비행 전 점검
  2) 기체의 시동
  3) 이륙 전 점검

나. 이륙 및 공중 조작
  1) 이륙 비행
  2) 공중 정지 비행(호버링)
  3) 직진 및 후진 수평 비행
  4) 삼각 비행
  5) 원주 비행(러더턴)
  6) 비상 조작

다. 착륙 조작
  1) 정상 접근 및 착륙
  2) 측풍 접근 및 착륙

라. 비행 후 점검
  1) 비행 후 점검
  2) 비행 기록

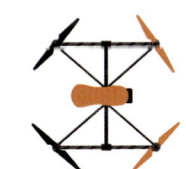

(3) 종합 능력 관련 사항

가. 계획성
나. 판단력
다. 규칙의 준수
라. 조작의 원활성
마. 안전 거리 유지

3 실기 영역 세부 기준

(1) 구술 관련 사항

가. 기체 관련 사항 평가 기준

1. 초경량비행장치 실기시험 표준서 · **225**

1) **비행장치 종류에 관한 사항** : 기체의 형식 인정과 그 목적에 대하여 이해하고 해당 비행장치의 요건에 대하여 설명할 수 있을 것
2) **비행 허가에 관한 사항** : 항공안전법 제124조에 대하여 이해하고, 비행 안전을 위한 기술상의 기준에 적합하다는 '안전성 인증서'를 보유하고 있을 것
3) **안전 관리에 관한 사항** : 안전 관리를 위해 반드시 확인해야 할 항목에 대하여 설명할 수 있을 것
4) **비행 규정에 관한 사항** : 비행 규정에 기재되어 있는 항목(기체의 재원, 성능, 운용 한계, 긴급 조작, 중심 위치 등)에 대하여 설명할 수 있을 것
5) **정비 규정에 관한 사항** : 정기적으로 수행해야 할 기체의 정비, 점검, 조정 항목에 대한 이해 및 기체의 경력 등을 기재하고 있을 것

나. 조종자에 관련한 사항 평가 기준
1) **신체 조건에 관한 사항** : 유효한 신체검사 증명서를 보유하고 있을 것
2) **학과 합격에 관한 사항** : 필요한 모든 과목에 대하여 유효한 학과 합격이 있을 것
3) **비행경력에 관한 사항** : 기량 평가에 필요한 비행경력을 지니고 있을 것
4) **비행 허가에 관한 사항** : 항공안전법 제125조에 대하여 설명할 수 있고 비행 안전요원은 유효한 조종자 증명을 소지하고 있을 것

다. 공역 및 비행장에 관련한 사항 평가 기준
1) **공역에 관한 사항** : 비행 관련 공역에 관하여 이해하고 설명할 수 있을 것
2) **비행장 및 주변 환경에 관한 사항** : 초경량비행장치 이착륙장 및 주변 환경의 운영에 관한 지식

라. 일반 지식 및 비상 절차에 관련한 사항 평가 기준
1) **비행 규칙에 관한 사항** : 비행에 관한 비행 규칙을 이해하고 설명할 수 있을 것

chapter 05 초경량비행장치 무인멀티콥터 실기시험표준서

2) 비행 계획에 관한 사항
    ㉮ 항공안전법 제127조에 대하여 이해하고 있을 것
    ㉯ 의도하는 비행 및 비행 절차에 대하여 설명할 수 있을 것
3) 비상 절차에 관한 사항
    ㉮ 충돌 예방을 위하여 고려해야 할 사항(특히 우선권의 내용) 에 대하여 설명할 수 있을 것
    ㉯ 비행 중 발동기 정지나 화재 발생 시 등 비상조치에 대하여 설명할 수 있을 것

마. 이륙 중 엔진 고장 및 이륙 포기 관련한 사항 평가 기준
  1) **이륙 중 엔진 고장에 관한 사항** : 이륙 중 엔진 고장 상황에 대해 이해하고 설명할 수 있을 것
  2) **이륙 포기에 관한 사항** : 이륙 중 엔진 고장 및 이륙 포기 절차에 대해 이해하고 설명할 수 있을 것

(2) 실기 관련 사항

가. 비행 전 절차 관련한 사항 평가 기준
  1) **비행 전 점검** : 점검 항목에 대하여 설명하고 그 상태의 좋고 나쁨 을 판정할 수 있을 것
  2) 기체의 시동 및 점검
    ㉮ 올바른 시동 절차 및 다양한 대기 조건에서의 시동에 대한 지식
    ㉯ 기체 시동 시 구조물, 지면 상태, 다른 초경량비행장치, 인근 사람 및 자산을 고려하여 적절하게 초경량비행장치를 정대
    ㉰ 올바른 시동 절차의 수행과 시동 후 점검 조정 완료 후 운전 상황의 좋고 나쁨을 판단할 수 있을 것
  3) 이륙 전 점검
    ㉮ 엔진 시동 후 운전 상황의 좋고 나쁨을 판단할 수 있을 것
    ㉯ 각종 계기 및 장비의 작동 상태에 대한 확인 절차를 수행할 수 있을 것

나. 이륙 및 공중 조작 평가 기준
  1) 이륙 비행

㉮ 원활하게 이륙 후 수직으로 지정된 고도까지 상승할 것
㉯ 현재 풍향에 따른 자세 수정으로 수직으로 상승이 되도록 할 것
㉰ 이륙을 위하여 유연하게 출력을 증가
㉱ 이륙과 상승을 하는 동안 측풍 수정과 방향 유지

2) 공중 정지 비행(호버링)
㉮ 고도와 위치 및 기수 방향을 유지하며 정지 비행을 유지할 수 있을 것
㉯ 고도와 위치 및 기수 방향을 유지하며 좌측면 / 우측면 정지 비행을 유지할 수 있을 것

3) 직진 및 후진 수평 비행
㉮ 직진 수평 비행을 하는 동안 기체의 고도와 경로를 일정하게 유지할 수 있을 것
㉯ 직진 수평 비행을 하는 동안 기체의 속도를 일정하게 유지할 수 있을 것

4) 삼각 비행*
㉮ 삼각 비행을 하는 동안 기체의 고도(수평 비행 시)와 경로를 일정하게 유지할 수 있을 것
㉯ 삼각 비행을 하는 동안 기체의 속도를 일정하게 유지할 수 있을 것

> *삼각 비행 : 호버링 위치 → 좌(우)측 포인트로 수평 비행 → 호버링 위치로 상승 비행 → 우(좌)측 포인트로 하강 비행 → 호버링 위치로 수평 비행

5) 원주 비행(러더턴)
㉮ 원주 비행을 하는 동안 기체의 고도와 경로를 일정하게 유지할 수 있을 것
㉯ 원주 비행을 하는 동안 기체의 속도를 일정하게 유지할 수 있을 것
㉰ 원주 비행을 하는 동안 비행 경로와 기수의 방향을 일치시킬 수 있을 것

chapter 05 초경량비행장치 무인멀티콥터 실기시험표준서

  6) **비상 조작** : 비상 상황 시 즉시 정지 후 현 위치 또는 안전한 착륙 위치로 신속하고 침착하게 이동하여 비상 착륙할 수 있을 것
다. 착륙 조작에 관련한 평가 기준
 1) 정상 접근 및 착륙
  ㉮ 접근과 착륙에 관한 지식
  ㉯ 기체의 GPS 모드 등 자동 또는 반자동 비행이 가능한 상태를 수동 비행이 가능한 상태(자세 모드)로 전환하여 비행할 것
  ㉰ 안전하게 착륙 조작이 가능하며, 기수 방향 유지가 가능할 것
  ㉱ 이착륙장 또는 착륙 지역 상태, 장애물 등을 고려하여 적절한 착륙 지점(Touchdown Point) 선택
  ㉲ 안정된 접근 자세(Stabilized Approach)와 권고된 속도(돌풍 요소를 감안) 유지
  ㉳ 접근과 착륙 동안 유연하고 시기적절한 올바른 조종간의 사용
 2) 측풍 접근 및 착륙
  ㉮ 측풍 시 접근과 착륙에 관한 지식
  ㉯ 측풍 상태에서 안전하게 착륙 조작이 가능하며, 방향 유지가 가능할 것
  ㉰ 바람 상태, 이착륙장 또는 착륙 지역 상태, 장애물 등을 고려하여 적절한 착륙 지점(Touchdown Point) 선택
  ㉱ 안정된 접근 자세(Stabilized Approach)와 권고된 속도(돌풍 요소를 감안) 유지
  ㉲ 접근과 착륙 동안 유연하고 시기적절하며 올바른 조종간의 사용
  ㉳ 접근과 착륙 동안 측풍 수정과 방향 유지
라. 비행 후 점검에 관련한 평가 기준
 1) 비행 후 점검
  ㉮ 착륙 후 절차 및 점검 항목에 관한 지식
  ㉯ 적합한 비행 후 점검 수행
 2) 비행 기록
  비행 기록을 정확하게 할 수 있을 것

(3) 종합 능력 관련 사항 평가 기준

- **가. 계획성** : 비행을 시작하기 전에 상황을 정확하게 판단하고 비행 계획을 수립했는지 여부에 대하여 평가할 것
- **나. 판단력** : 수립한 비행 계획을 적용 시 적절성 여부에 대하여 평가할 것
- **다. 규칙의 준수** : 관련되는 규칙을 이해하고 그 규칙의 준수 여부에 대하여 평가할 것
- **라. 조작의 원활성** : 기체 취급이 신속·정확하며 원활한 조작을 하고 있는지 여부에 대하여 평가할 것
- **마. 안전 거리 유지** : 실기시험 중 기종에 따라 권고된 안전 거리 이상을 유지할 수 있을 것

비법전수 레전드 드론
무인멀티콥터 구술·실기시험

발 행 일 2019년 5월 5일 초판 1쇄 인쇄
           2019년 5월 10일 초판 1쇄 발행

저   자 이찬석·이광영 공저

발 행 처

발 행 인 이상원

신고번호 제 300-2007-143호

주   소 서울시 종로구 율곡로13길 21

대표전화 02) 745-0311~3

팩   스 02) 766-3000

홈페이지 www.crownbook.com

I S B N 978-89-406-3620-6 / 13550

특별판매정가 28,000원

이 도서의 판권은 크라운출판사에 있으며, 수록된 내용은
무단으로 복제, 변형하여 사용할 수 없습니다.
       Copyright CROWN, ⓒ 2019 Printed in Korea

이 도서의 문의를 편집부(02-6430-7012)로 연락주시면
친절하게 응답해 드립니다.